人で

モノで

돌담회색
Seoul Lightgray

남산초록색
Seoul Green

기와진회색
Seoul Darkgray

고궁갈색
Seoul Brown

은행노란색
Seoul Yellow

삼베연미색
Seoul Beige

서울하늘색
Seoul Blue

단청빨간색
Seoul Red

꽃담황토색
Seoul Orange

한강은백색
Seoul White

場で
モノで

つなぐ
環境デザインがわかる

日本デザイン学会　環境デザイン部会

朝倉書店

編集委員

［日本デザイン学会　環境デザイン部会］

長谷高史（編集総括、3・4 章）

太田幸夫（5 章）

加藤三喜（1 章）

清水泰博（3・6 章）

佐々木美貴（1 章）

杉下　哲（2・6 章）

武智　稔（5 章）

橋田規子（2 章）

平松早苗（4 章）

　　日本デザイン学会は、1954 年（同年 3 月 22 日に第 1 回総会を開催）の設立以来、「会員相互の協力によってデザインに関する学術的研究の進歩発展に寄与する」ことを目的として活動を行っている、日本学術会議登録・認定の学術団体です。
　　今日の多様なデザイン課題に対応し、International Association of Societies of Design Research（IASDR）／Asian Society for the Science of Design（ASSD）の中核学会として、国際学会の運営に参画し、国際的な学術連携を推進。また、国内において研究発表大会、企画大会（シンポジウムなど）を毎年開催するとともに、特定のデザイン課題に対する会員相互の研究交流を促進する研究部会活動などを積極的に進め、こうした成果を学会誌「デザイン学研究」（論文集・特集号・作品集）などの出版物を通じて広く国内外に発表し、デザインを基軸に社会と文化の健全な発展に寄与することに努めています。

環境デザイン部会：
環境デザインの研究・発展に寄与することを目的に活動している。
活動内容：
研究会、シンポジウム、見学会などの実施。会報、研究成果の刊行。出版、調査研究、教育振興、技術開発、指導、啓発など。
［ホームページ　http://jssd.jp/modules/tinyd5/index.php?id=56］

刊行の辞

　環境デザインというキーワードが認知されるようになったのはごく最近である。1960年代の高度成長期に公害が社会問題化した時期に環境という視点が注目され、70年代には核家族が進み多様な生活様相や価値観を認める風潮の中から、モノや場のあり方、住まい方、ライフスタイルなどを問い直す概念構築の時代に環境デザインが産声を上げたといっても過言ではない。多くの大学においても環境デザイン、環境造形デザイン、スペースデザインなどの講座名称は異なってはいるが、目指すところは同じ新たなデザインの概念構築であった。その後、日本デザイン学会の研究部会として1980年に環境デザイン部会が設立され、さらに30有余年の歴史を刻み、全国の芸術系大学、工学系大学に環境デザインを冠とする様々な研究教育が試みられ、多くの成果をあげてきている。しかし、様々なアプローチや学際的でもあることから「環境デザインとは何か」という問いは未だに問われている。日本デザイン学会でも「デザインとは何か」といつの時代でも問われ、永遠のテーマでもある。しかし我々はその問いに答えていく責務があり、啓蒙することに努力しなければならない。この本は「環境デザインとは何か」の問いに、日本デザイン学会の環境デザイン部会に所属する部会員が、自ら携わる作品、計画、研究などの事例を通して明らかにする目的で刊行した。部会員の研究フィールドやテーマは多様であり、それぞれの視点からの環境デザインへのアプローチである。このことからも環境デザインは関係論であり、方法論であることが理解できると思われる。

　環境デザインを「人、モノ、場、時、コトの快適で心地よく美しい関係づくり」と定義することから、「つなぐ」をキーワードとして、作品、計画、研究などから創出されたそれぞれの「つながり」をもとに環境デザインの「何」を明らかにし、伝えられることができれば幸いである。

編集総括　日本デザイン学会環境デザイン部会主査
長谷高史

目次

序　つなぐ　環境デザインがわかる　　-4-

1章　人でつなぐデザイン　　-7-
- 1-1　こころ　　大切に思う、敬う気持ち　　-12-
  - 楽しさの種をまく　　-14-
  - 優しい気持ちの生まれ方　　-16-
- 1-2　感覚　　場の雰囲気を感じ取る　　-18-
  - デザイン的な感覚の展開について　　-20-
  - 魅力の磁力　　-22-
- 1-3　行為　　風景―共有された感性　　-24-
  - 人々の想いがつないできた造形　　-26-
  - 知恵を生む手法　　-28-
- 参考資料・出典　　-30-

2章　モノでつなぐデザイン　　-31-
- 2-1　要素　　自然の形からインスパイア　　-36-
  - 都市のアイデンティティをつくる色　　-38-
  - 仕上がりに影響を及ぼす素材　　-40-
- 2-2　様相　　人とモノと空間の「姿・佇まい」　　-42-
  - 形態、機能を多様化する配置　　-44-
  - スムーズな行為の流れをつくる　　-46-
- 2-3　価値　　場とモノの新しい組み合わせ　　-48-
  - 心と心を満たすモノの介在　　-50-
  - 未来環境でのあり方　　-52-
- 参考資料　　-54-

3章　場をつなぐデザイン　　-55-
- 3-1　風土　　風土が生み出す「かたち」　　-60-
  - 風土が生み出す「生活」　　-62-
  - 「場」の教え―風土が生み出すデザインの意味　　-64-
- 3-2　景色　　風景と景観　　-66-
  - 美しい景色やシーン　　-68-
  - 景色を作り出すデザイン　　-70-
- 3-3　内外　　中間領域　　-72-
  - 内外を作り出す要素　　-74-
  - 気配、雰囲気、余地　　-76-
- 参考資料・出典　　-78-

4章	時をつなぐデザイン		-79-
	4-1 継承	伝統を受け継ぐ	-84-
		世代をつなぐ	-86-
		型・ありよう	-88-
	4-2 季節	四季をつなぐ	-90-
		うつろいのデザイン	-92-
		実りを上げる	-94-
	4-3 時間	暮らしのデザイン	-96-
		ハレとケのデザイン	-98-
		営みのデザイン	-100-
	参考資料・出典		-102-
5章	コトがつなぐデザイン		-103-
	5-1 物語	街並み絵巻プロジェクト	-108-
		形や行いに作用する伝承	-110-
		日常性を獲得するための手がかり	-112-
	5-2 情報	サイン計画―スポーツ公園を例に	-114-
		小宇宙を創る究極の環境デザイン	-116-
		環境の見立てに役立つ色彩情報	-118-
	5-3 価値	関係のデザイン	-120-
		心地よい交歓イベントのデザイン	-122-
		「水都」が生み出す大阪の魅力	-124-
	参考資料・出典		-126-
6章	つなぎ方のデザイン		-127-
	6-1 取組み方	環境デザインは完成しない	-132-
		感性を価値づける	-134-
		美意識を育む	-136-
	6-2 考え方	文脈を読む	-138-
		相互の関係の読み解き	-140-
		仕組みづくる	-142-
	6-3 行い方	しきりつつ、つなぐ設え	-144-
		時空との調和	-146-
		融通無碍の可変性	-148-
	参考資料		-150-
キーワード一覧			-151-
執筆者紹介			-153-

序　つなぐ　環境デザインがわかる

「つなぐということ」
　様々なデザイン領域は各々確立された方法論により解決を導き、的確に答えを出す。
　しかし、それぞれのデザイン領域だけでは解決ができない、または解決案が見つけられないことが増えている。とくに工業化社会から情報化社会、そして循環型社会へと変化する中で、モノだけ、場だけ、情報だけでの方法論では的確な答えが見つけにくい社会構造となっている。また生活環境や様相の変化が複雑化する中、領域をつなぐことの重要さに社会がやっと気付き始めてきた。領域をつなぐ方法論は、関係すると思われるそれぞれの方法論でのアプローチにより答えを導こうとする従来型とは異なり、学際的であり多様である。このことは関係する様々な領域の言葉やフィールドを理解することから始まる。それが環境デザインの方法論であり、フィールド概念である。このことから「つなぐ」というキーワードを抽出している。

「環境デザイン」とは
　デザイン領域をつなぐ。
　今やすべてがデザインといわれ、国をデザインするとまでに比喩されることに戸惑いながら「環境デザインとは」の答えを用意しなければならない。
　様々なデザイン領域(視覚、プロダクト、テキスタイル、インテリア、照明、エクステリア、建築、都市、土木、造園、景観、パブリック、メディア)などの既存の領域と他の領域との関わりは、大小の差はあるが現在のプロジェクトでは日常化している。このプロジェクトをオーガナイズする役割が、われわれの指向する環境デザインである。
　一方、関係論であり領域論であると定義される由縁の語源の「 環境 」は字のごとく環で境えられた二つの領域と関係のさまである。このさまをデザインするということが環境デザインの基本となる。これらのことから、環境デザインが様々な研究領域から参加し、それぞれの方法論を持ち寄って、解決方法を探ることから、他のデザインと比較して、わかりにくい分野と思われている。

「関係のデザイン」といわれること
　本書の執筆に参加している人の経歴、履歴を見ると、専門としている領域と環境デザインを複合している人が多く、また芸術系、工学系、人文系とフィールドの違いもあり、環境デザインの複雑な面が見てとれる。このことからも、それぞれの領域に関係する諸問題の解決のデザイン方法論であり、全体と個の関係論でもある。

人、モノ、場、時、コトの関係

　環境はそれぞれの要素が絡み合い存在することから、環境を構成する要素を「 人 」「モノ」「場」と定義し、それらの関係のデザインの目的を「人、モノ、場、時、コトの快適で心地よく美しい関係づくり」とし、私たちの環境デザインの定義とするものである。

人でつなぐ、モノでつなぐ、場をつなぐ、時をつなぐ、コトがつなぐ

　環境デザインを知り、理解する方法として、ここでは「つなぐ」キーワードを人、モノ、場、時、コトの五つの要素との関係を多くの作品や研究事例を中心とした環境デザインの考え方、見方、方法やありようを提示することとした。

六つの章

「人でつなぐ」
　人の発意からデザインが生み出され、それぞれが臨機応変につながれているという根源的なあり方をとらえる。
「モノでつなぐ」
　個々で存在する様々なモノをつなげる見方や考え方、姿勢などをとらえる。
「場をつなぐ」
　モノがつくり出す空間からインテリア、建築の内外空間、都市環境、田園環境、自然まで広範囲な領域において共通する、それぞれの場を連続したものとしてとらえる。
「時をつなぐ」
　単に時間軸でつながるということだけでなく、時が人、モノ、場、コトとつながることによって、歴史、時代、文化、世代、季節、うつろい、などの流れをとらえる。
「コトがつなぐ」
　環境の生命力によって生み出され、環境を活性化するものととらえる。
「つなぎ方」
　ここではデザインに関わる様々な専門の領域をつなぐことを言う。何のためにつなぎ、どのようにつなげるかが鍵となり、その鍵をとらえる。

　このような構成によって執筆された考え方や事例を通しての解説によって、環境デザインの知識を持ち、理解することは、日常の生活および生活空間が快適で美しい環境づくりに役立てるものと考えている。

『人、モノ、場、時、コトの快適で心地よく美しい関係づくり』

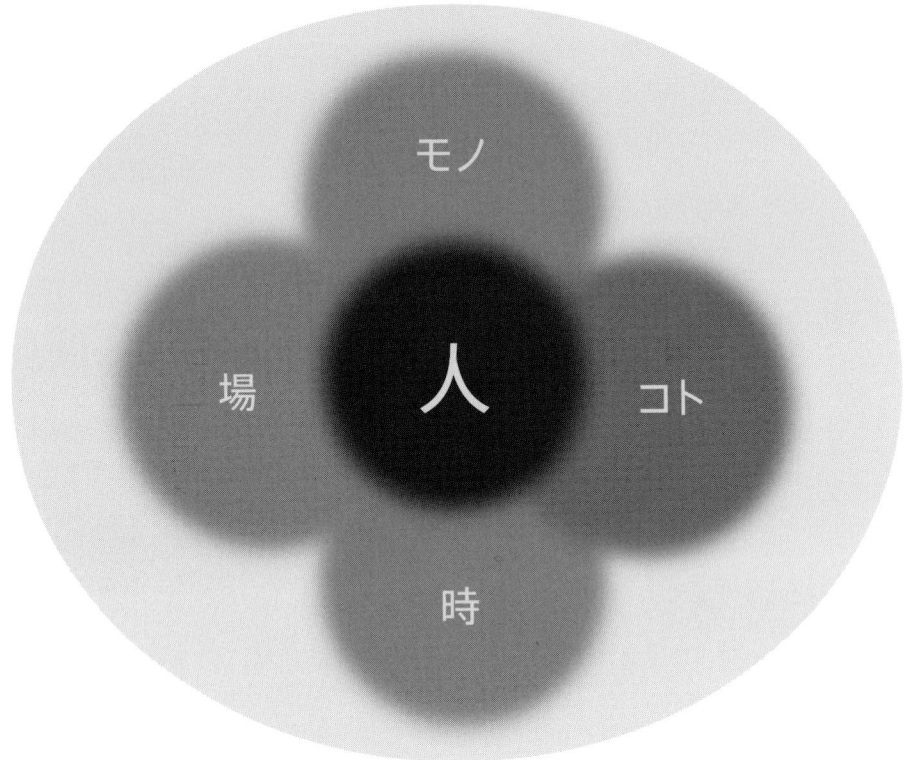

Ⓒ環境デザインの概念図／長谷高史

「つなぐ 環境デザインがわかる」 編集委員会
編集総括　長谷高史

1章　人でつなぐデザイン

人でつなぐデザイン

はじめに

1章　人でつなぐデザイン

「人でつなぐ環境デザイン」では、人の発意から"モノ"や"場"そして"コト"が生み出され、目的に応じて、多くの人を通じて、臨機応変につながれているありようを改めてとらえてみる。「人を中心に」見据えることから、どのように多様な環境デザインへつながってゆくのか、その側面を考える。

はるか昔より「人」は見、聞き、感じ、自分自身を介して、必要な活動や創作を綿々と続けてきた。人間にとって「生きやすい環境」への創意工夫は、個から他者へ、さらに大きな事象や思考へ時間をかけて育まれてきた。ひとりの点で終わらない、その先の線や面への広がりと起伏や過程そのものが、「人でつなぐ環境デザイン」の大きな魅力である。今や環境デザインの視点は、生態系をも含む意味合いを保持するが、ここでは、あくまでも「人」を見つめ、その発意のありようを大切に考えたい。

1：JR平井駅前広場［東京都江戸川区］／2：篠崎ビオトープ［同左］／3：茅葺き（千葉県鴨川市鈴木邸）

かつての日本には、地域で「協働」や「結」という共同体があり、茅葺き屋根の葺き替えなどを協力して行ってきた。結果、各地で様々な形の集落、古民家が存在し、固有の街並みや風景をつくり出してきた。存在としては小さな「人」が、連携によるルール作りや協力活動といった発想や行為を通じて、暮らしを豊かにし、美しい環境を生み出してきた証となってきた。現在では、高齢社会を迎える中、コレクティブハウス、シェアハウスなど、高齢者の共同の住まいから、さらに少子化への対応も含め、世代を超えた住民主体の住まいを中心とする、助け合いのまちづくりが模索され始め

はじめに

ている。同様に、まちづくりの手法も、景観や街並みを市民とともに考えつくり出す、住民参加型のワークショップが多数行われている。暮らす目線で市民とともに街を形成するからこそ愛着が生まれ、長く住まい、コミュニティが生まれ育つのである。人と人がつながることで、生活の場での美しい環境デザインをつくり出している。

名古屋ミッドランドスクエア
ロゴマーク＆記名サイン

国営ひたち海浜公園　エリアマーク＆ゲートサイン

　暮らしや住まいと向き合い生まれる発意のほか、寺院や商空間といった限られた場にも、ある目的のために熟考された想いの気配を察し感じ取ることができる。モノの配置や動線や、空間と呼応する視覚的な情報は、秩序とともに場を潤す。人が目的のために導き出す事柄は、伝わる力によって、訪れる者に感動や共鳴を与え、心地よい環境をつくる。

　本章では、人を中心ととらえ、始まりとなる「こころ」の情感や「感覚」を通して生まれる「行為」までを各筆者の視点からひもといてゆく構成とした。人を介するつながりの具体例は、筆者が想い感じた思考、そして展開された事例やその結果生まれる事象など、多彩な言葉で存在する。生み出さずにはいられない「人」の気持ちに、丁寧に向い合うことがいかに大切であり、基本となるかを確認し、それぞれの執筆を通して感じてもらいたい。

　2011年3月11日に起きた東日本大震災は、人のつながりの重要性を全世界に印象づけた。この章が、人でつなぐ環境デザインの考察の礎となることを願っている。

人でつなぐデザイン

はじめに

1章　人でつなぐデザイン

1-1　こころ

　敬う、楽しい、優しいという「気持ち」は、人と事象をつなぐための根底に流れる「こころ」の側面である。すべての人が持って生まれ、人である証となるもの、それがこころであり情感である。暮らしの中で、人の意とならない万物の営みへの畏敬の念や、超越的な存在、対象の価値を認めて大切に想うこと。行事や伝統・習慣と結びついた日常の中や見近な相手にもおよぶ心意である。こころによる、自他ともに高め合う相乗効果は、関わりを洗練し、必然に囚われない新たな空間を丁寧に生み出してきた。

　ここでは、根源的なこころの現れとして「敬う」「楽しい」「優しい」をとらえ、その感じ方、考え方を事例とともに紹介する。「大切に思う、敬う気持ち」では、動物園のサインデザインを通して、生命に対する敬いから他者や外界全体への意向を考える。「楽しさの種をまく」では、楽しさをつくり出すことが、人をつなぐデザインとなると考え、非日常の経験を町につくり出すことが、さらなるインスピレーションを呼ぶ事象に注目した。「優しい気持ちの生まれ方」では、優しい柔らかなこころが、人を、空間を、つなげる時に役立つ。またその逆もあるだろう。すべての物をつなぎ、あらゆるものを包み込む優しさの具体化として、障害者のグループによるアート作品の図書館展示から考える。いずれも、人のこころからつながるデザインへと形を変化させていることに注目したい。

1-2　感覚

　心と身体が外界と接して生じる細やかな感覚は、「人」であることからこそ生じるものであろう。本能的な感覚とそれらを瞬時複合的に分析・判断する機能が備わっている不思議。そして、生み出すものや対象を美しいと感じる鋭敏さ。思わず魅了され夢中になることの発見は、その共鳴と問いかけが、さらなる魅力へとつながっていく。

　ここでは、「五感・直感」「美しさ」「魅力」をとらえ、その感じ方、考え方を事例とともに紹介する。「場の雰囲気を感じ取る」では、サウンドから場づくりについて考える。聴覚から感じ取る場の風景は過去から現代に通じる。美しいと感じるハーモニーが環境にもたらす影響を儚く消える音で語る。「デザイン的な感覚の展開について」では、感覚に訴えるデザイン行為を分析し、われわれの使う言葉から感覚の根源を考えている。「魅力の磁力」では、人の強い想いが生んだ、既存の高速道路を撤去して、新しい美しい川が復活した韓国の事例を紹介する。

1-3　行為

　　行為とは、発意を元に目的や概念を伴って意識的に行われる活動であり、具体的な道筋そのものでもある。個から生まれる共通の想い、共有される想定やイメージが形づくられた後、もしくは途中に違和感があれば、改良・工夫を行い、時々の最良の答えを模索し続ける、この試行錯誤の形を行為ととらえる。

　　ここでは、人の行為の中で現れる「共有」「想定」「工夫」を考察した。「風景─共有された感性」では、記憶を頼りにつくるランドスケープの試みを解く。多数の人の記憶の共有によって生まれる形とは何であるのか。記憶によりつながれるランドスケープの想いのパッチワークが都市を形成する。「人々の想いがつないできた造形」では、想定を繰り返し、考えが煮詰められた事象は、時を経て真髄となり、唯一無二の風景となる。感じ考慮された具体物は、洗練され、時を介してより確実な存在感を放つこととなる。「知恵を生む手法」では、困難に出会い、人は工夫するという側面をワークショップで検証する。問題を明確化し、デザイン手法による解決への道案内は、まちづくりで大切なツールとなる。

　　　　　　　　　　　　　　　　　　　　　　　　　　　　　　加藤三喜・佐々木美貴

1章　人でつなぐデザイン

こころ
大切に思う、敬う気持ち

1：大阪市天王寺動物園／サバンナゾーンの生息環境展示
2：大阪市天王寺動物園／サバンナゾーン環境クイズサイン
3：よこはま動物園ズーラシア／熱帯雨林ゾーンの解説サイン
4：東京都多摩動物公園／案内・誘導サイン

1-1 こころ…大切に思う、敬う気持ち

動物と私たちをつなぐ動物園のデザイン

　最近の先進国の動物園は、動物を通して地球環境の危機性や環境教育の大切さを訴求する傾向にある。その中で動物園本来の大きな役割の一つは、希少な野生動物の保護と繁殖である。そのためには、野生動物の生息環境の保護が不可欠である。そこで、動物園来園者には環境教育を学び、野生動物の生息環境の保護や地球環境の改善について考えてもらいたい。しかし大事なのは、決して押しつけない、知らず知らずのうちに楽しく学べること、地球というかけがえのない環境を敬い、生命を尊び、大切だと認める心を引き出すための、動物園と来園者をつなぐデザインである。

つなぐ装置としてのサインデザイン

　動物園と来園者をつなぐ具体的な装置としてサインデザインがある。動物園のサインデザインの中でもメッセージ性が強く、動物園の理念や思いを伝えたいのは、動物展示と関連して説明・解説されるサインである（→写真 2、3）。動物学的、博物学的メッセージはもちろんのこと、野生動物の置かれている厳しい環境的背景の実情はサインデザインでしか伝えられない。さらに"動物を見せる→展示環境をつくる→サインで解説する"この連係がとれていることで来園者にわかりやすく、つながるメッセージとなる。近年ブームの生息環境展示手法に馴染むようなデザイン、子どもたちも能動的に関われるクイズ形式のサインなどデザイン手法は様々である。デザイナーがコンテンツを提案する場合もあるが、動物園サイドや時には展示設計者側にも発したいメッセージがあり、それらをつないでトータルコーディネイトし、デザインすることもある。そこがサインデザインの鍵となると同時に、メッセージアウトプットとして動物園から来園者への橋渡しとなるとても重要なところである。

未来へつなぐ動物園として環境デザインにできること

　私たちを取り巻く環境は、豊かで輝かしい未来であってほしいが、自然の脅威や人間社会の傲慢により決して楽観視できるものではない。動物園は動物を通して私たちが考えるべきこと、行動すべきことを意識喚起できる場である。これからの動物園のあり方を考えたとき、動物の命とそれらの命を育む環境を敬い、多種多様な動物を包容する美しい地球環境を尊ぶ精神を感じさせる場となることは間違いない。動物園は動物学に関連した専門家を中心に、土木、造園、建築、デザインなど多岐にわたる専門分野が造り上げる都市施設である。未来の動物園は、様々な分野・人・知識・英知をつなぎ、一つの方向に束ねた強いメッセージを発信するための環境デザインが必要だと考えている。

上綱久美子

1章　人でつなぐデザイン

こころ　楽しさの種をまく

「ダンボールで作った大きなクマの立体を担いで、御池から三条大宮公園を目指します。
大きな手製の立体を一緒に持ち運ぶことで見えてくる景色の変化を楽しみます。」(告知チラシより抜粋)

美術とまちを結ぶワークショップ

　都市計画や建築のように問題解決や合意形成といった実務的な目的に基づくものとは異なり、美術のワークショップは子ども向けの工作教室といったイメージが強い。しかし、そこにはアーティストの創造性に触れることができ、かつ自分たちの創造性を発見できるチャンスがある。こうした美術の世界が持つ驚きや楽しさを、外部に展開することを考えてゆくところに、環境デザインとの接点を見出すことができる。例えば、街の生活をフィールドワークしたり、一時的に非日常を介入させながら、そこから生まれる空間体験の変化やコミュニケーションを楽しむという方法などが考えられよう。

　その一例として、2010年8月に開催した『ウォーキング・ウィズ・ベアー』(堀川御池〜三条会商店街〜三条大宮公園／京都市)というイベントについて紹介したい。これは、ワークショップで子どもたちとアーティストが共同制作した大きな段ボールのクマの頭を担いで街を歩き、時折それを街の風景の中に置いてみるというものである。8月も末の残暑厳しい日曜日、参加者は自転車や通行人を避けながら、大きなクマの頭を抱えてヨロヨロと商店街を練り歩いた。商店街を行き交う人々は一瞬歩みを止めてクマを見上げ、次に汗だくの参加者を眺めながら再び歩き出す。夏休みの昼下がりを持て余していた小学生たちは、公園に突然現れたクマを滑り台から転がし、蹴飛ばしまくる。たまたま通りかかった親子連れは、子どもをクマの前に立たせて携帯で写真を撮ってゆく。別に大仰な目的を持たずとも、日常の風景に少しスケール感の違う非日常を持ち込んでみただけで、参加者そして街の人々はそれなりに楽しく、いつもと違う空間を体験することができたようだ。

タネまきとしての環境デザイン

　この事例が示すように、エモーショナルな空間体験やコミュニケーション、つまり人間らしい経験の「タネ」をまいてゆく行為も、一種の環境デザインと考えることができる。

　たしかに、耐用年数がますます短縮しつつある都市インフラを機能的あるいは美的にアップデートしてゆくことも必要であるし、経済活性化のための基盤づくりも地方にとっては死活問題である。しかしそうした大義名分の下に、人間らしい経験や意味世界によって形成される「生きられた空間」としての都市環境が、pseudo-(擬／〜のようなもの)ないしパッケージングされたデザインによって破壊されてゆくという問題も同時に存在することを忘れてはならない。

森山貴之

1章　人でつなぐデザイン

こころ

優しい気持ちの生まれ方

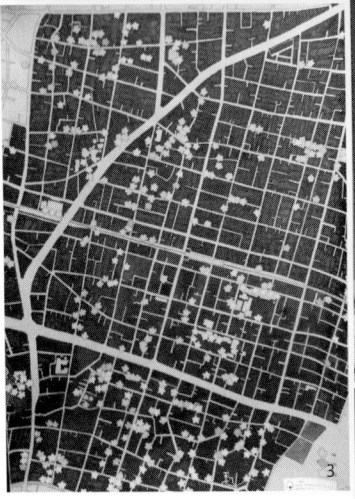

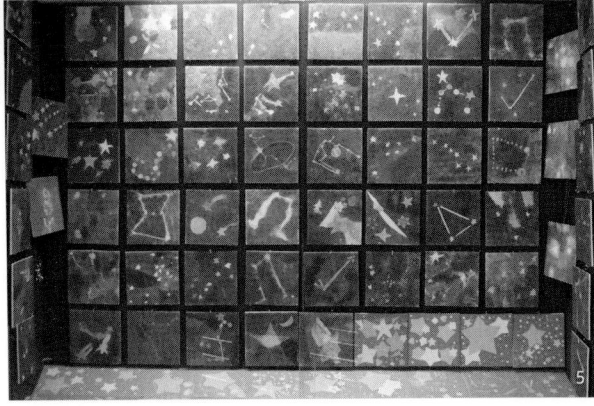

1：地域公立図書館／ガラス展示ケースの四季の飾りつけ
2：地域の作家によるコラボレーション作品
3：梅桃桜杏マップ
4：作品「スイミー」
5：作品「満天の星空」

1-1 こころ…優しい気持ちの生まれ方

「まちの床の間」という考え方

　東京都世田谷区の図書館の玄関正面ガラスケースを「まちの床の間」と見立て、四季の展示を行った。地域住民の手づくりによる、特殊能力を生かしたワークショップからの作品を実験発表し続けた。特に、図書館という地域の顔である施設への展示として意識をし、題材には絵本寓話をモチーフにすることを心がけた。まちの活性化への発信拠点、見る側にも参加する側にも、互いに発信受信される"優しく""元気"な、"心休まる癒し"の、"楽しみ"の、発表の場となった。展示作品の中には、掛け軸に見立て、近隣に実在する梅桃桜杏の樹木の在り処の地図で、グレーバックを逆手にとり闇に咲く花々を表現した作品や、図書館を"舟"に見立てた作品のタイトル"21世紀の方舟の船底から海の底を見たらそこは碧の世界だった"は浦島太郎の絵本から着想した。

まちの上手い人を探した

　図書館という公共の場だからこそ、一般市民の好むような広く知られた内容を心がけ、果物、地域の景色をモチーフにした。また、地縁を大事にして、地域の内装業者による風炉先屏風ふうの障子、鍛金作家によるトレイ、地域素材を用いた染色作品、鎌倉彫による蓮の葉の形の大皿、地域アートマップなどを取り合わせることで、身近な人とのつながりを意識した。時には亡き人の遺品を大切に扱い、その気持ちに寄り添うことも心がけた。地域で生前、画家をしていた方がやり遺した緑の下地塗りの遺品のキャンバスの上に、地域の道や風景を子どもの使い残しのクレヨンで描き、それを背景に、地域の帽子作家による帽子、染織家による染め物、靴の修理店が制作した靴、手芸作家によるコサージュをまるで音楽のクアルテットのように配置した。こうして"等々力界隈をおしゃれして"ができ上がった。

子どもと大人と商人と職人と役人と

　地域の公立小学校で、児童・先生・保護者などの学校側にも参加協力していただき制作した。小学校との連携制作と展示は4年間続き、展示は総計10年間続き、今後も続行するだろう。2007～10年8月、"猿カニ合戦""スイミー""狐と葡萄""世界にたったひとつの星座板づくり×88＝満天の星空"を発表。最終回は、破棄した砂、画材店の貼れるパネルの破材を再利用し、小学校生徒、先生、アトリエ生徒、指揮者による砂絵工作合作ワークショップの大作の卒業制作となった。活動はまちづくりファンドから助成金、物品助成を区の地域振興防災課、区民への広報を文化国際課から協力していただいた。街中の人々が関わり、長い間にわたり"優しさ"を届け続けた「まちの床の間」である。

渡辺有子

1章　人でつなぐデザイン

感覚

場の雰囲気を感じ取る

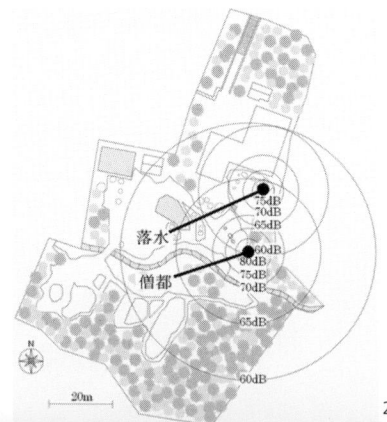

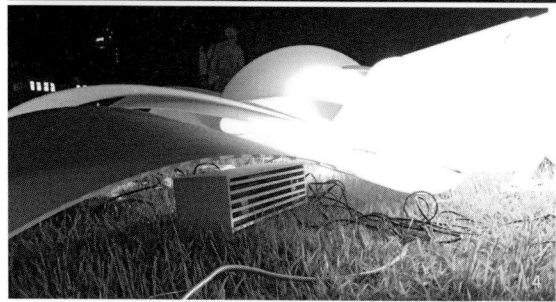

1：詩仙堂の僧都（ししおどし）
2：詩仙堂の僧都と落水の音の伝搬状況
3：金澤月見光路の光のデザイン「花あかり」
4：照明器具の下に隠されたスピーカ

1-2　感覚…場の雰囲気を感じ取る

サウンドスケープ・デザイン

　音は写真には決して写らないものではあるが、環境デザインにおいては無視できない要素である。しかし、屋外空間の音は完全には制御できない。基盤となる静けさを求めたうえで、その場の音を生かし、さらにどのように演出を工夫するかがポイントになる。自然音を強調するような補助装置を考案したり、音を聞く姿勢が自ずと形づくられるような状況をつくったりすることが、より深みのある環境形成につながる。演出としての工夫には、パッシブな（エネルギー投入のない）方法とアクティブな（エネルギー投入のある）方法が考えられる。パッシブ手法は、自然力（水流、風、熱など）・人間行動（踏む、触るなど）、アクティブ手法は、機械動力・音響機器を利用するものである。音まで含めて総合的にその空間の雰囲気を作り上げることがサウンドスケープ・デザインである。

詩仙堂に広がる聴覚世界

　日本では古来より音も含めた空間のデザインが行われている。それは、庭園の様々な設（しつら）えを見てもわかる。例えば、京都にある詩仙堂をみてみよう。詩仙堂は、徳川家の家臣であった石川丈山の隠居後の山荘として、寛永18年（1641年）に造営された。山間の地に佇む庵は僧都（そうず）（ししおどし）で有名である。僧都の音は衝撃音であり、すぐそばで聞くとかなり大きな音である。最大値はA特性音圧レベルで80dBを超える。それをある程度離れた位置に置くことで、室内での音の大きさは60dB程度になる。また、谷を挟んで対面する斜面は木々に囲まれ、直接音と分離しないやわらかな反射音（こだま）を返す。庭園隅の落水もほぼ同じレベルになっている。全くの静寂ではなく、ある程度の暗騒音を形成している。静かな思索を促す空間となっている。

闇の中に雰囲気を作り出す

　詩仙堂は自然力を用いているが、音響機器を使ったアクティブな方法についても事例を示そう。「金澤月見光路」とは、金沢工業大学の建築系学生と地元の商店街組合の協働によるライトアップイベントである。まちや建築のライトアップ事例は多いが、地域の中で学生が主体となって実施するものは珍しい。金沢の中心部の通りや広場などを対象に、すべて自分たちで設計・制作した多様な灯りでまちを彩るものであるが、その一環としてサウンドエフェクトも制作された。非日常的な雰囲気を醸し出すことを狙ったものだ。シンセサイザーやチャイムなどの音具を用い、様々な音がランダムに再生される。スピーカの位置は見ている人にはわからないよう、照明器具の下に隠れるように設置されている。賑わいの中に時折かすかに響く音が、灯りに幻想的な雰囲気を加えている。

土田義郎

1章　人でつなぐデザイン

表1　共感覚(感性間感覚)の例[※1]

視覚＋体性感覚→ （視触覚・共感覚）	擬態語　　擬音語　　擬声語
温冷感	ひえびえ、ひんやり、じんじん、すうすう、ぞくぞく、ほかほか、ぬくぬく、あつあつ、じりじり、かっか
粗滑感	すべすべ、つるつる、ぴかぴか、てらてら、するする、ざらざら、がりがり、じゃりじゃり、でこぼこ
硬軟感	ごつごつ、ごりごり、こりこり、こちこち、かりかり、ぶよぶよ、へなへな、にょろにょろ、とろとろ
乾湿感	さらさら、かさかさ、からから、ぱりぱり、ひりひり、ぬらぬら、べとべと、どろどろ、べたべた、むしむし
軽重感	ふわふわ、ぺらぺら、ひらひら、ぷかぷか、ころころ、ずしん、どしん、どすん、どっしり、ごろごろ、がたん
複合的感覚	ぎらぎら、きらきら、ぱらぱら、めらめら、ずたずた、ぐらぐら、みしみし、よろよろ、ぽってり、ひょろひょろ

表2　生理心理学的な感覚の分類(体育学・デザイン学的感覚の展開)[※2]

特殊感覚(五官・五感)…視覚、聴覚、嗅覚、味覚、平衡感覚
一般感覚…体性感覚 1)表面感覚(皮膚感覚)触覚、圧覚、温覚、冷覚、痛覚
　　　　　　　　　 2)深部感覚(運動・軽重感覚)筋感覚、腱感覚、関節感覚
　　　…内臓感覚 1)臓器感覚…空腹感、渇感覚、悪心、膀胱充満感、性感
　　　　　　　　 2)内臓痛覚…胃痛、頭痛、その他の臓器の痛み

感覚　デザイン的な感覚の展開について

1-2 感覚…デザイン的な感覚の展開について

材質感と視触覚との関係について

　環境を取り巻く多様な材料について、認知する仕方は二通りある．一つは材料に直接触れる方法、もう一つは見ただけで以前にその材料に触れた時のイメージが再現される場合である。後者を造形芸術の分野では視触覚といい、一般的には視覚と触覚という異なった感覚が連携し認知をすることを共感覚または感性間感覚と称する。この視触覚は美術系の学生の初歩的なデッサンやスケッチで形をとるのと同時に材質表現の基本的な能力とされている．表１の共感覚の例を見ればわかるように材質感とはただ触覚だけの単純な問題では片付かない、多様な複雑な感覚的な背景を持つことが理解されよう。

新しいデザイン的な感覚の分類とそのシステムについて

　共感覚や視触覚ということを考える場合、旧来の視覚・聴覚・嗅覚・味覚・触覚といういわゆる五感と称される単純な感覚の分類では、現代のデザインのような複雑な感覚的な対象を理解し体系化するには無理があり、新しい感覚の観点が必要とされる。生理学・心理学・哲学などの感覚についての資料を調べたが、詳細過ぎたり抽象的であったりしてデザインの分野に直接導入することには無理があった。偶然の機会に人体というデザインの分野と共通点が多い体育学で使われている生理心理学的な感覚の分類に出会った。表２はこの生理心理学的な分類である。この分類では触覚は表面感覚（皮膚感覚）として圧覚・温覚・冷覚・痛覚と同列に扱われている、これで表１の内容が良く理解できよう。この分類の最大の特徴は特殊感覚（五感・五官）の部分で、触覚の代わりに平衡感覚が位置づけられていることであろう。これは両耳の奥にある三半規管による人体運動のバランスを司る感覚で、また深部感覚は運動するという判断を総合的に司る感覚である。

環境デザインにおける感覚とは

　一例として視覚を例にとり、感覚の流れを考えてみると次のように考えられる。
　刺激（光）＞受容器（眼）＞反応（視神経）＞知覚（脳）＞認知＞情感。この一連の感覚的な流れの始めから終わりまで、日常の具体的な生活を送るためのデザインの対象となる。情感とは感情・情緒・情操・情熱というものの総称で、これにより気分や雰囲気というものが醸し出され、これに様々な思考が加わり創造的な活動につながるものと考えられる。直感とか第六感というようなものはこの延長線上にあるものであろう。

平　不二夫

1章　人でつなぐデザイン

感覚　魅力の磁力

1：清渓川　都市のオアシスに集まる人々／2：上空からの景観／3：夜景　ライトアップ／
4：滝を利用したイルミネーション

1-2 感覚…魅力の磁力

清渓川復元・再生プロジェクトとは
　清渓川(チョンゲチョン)は、ソウル旧市街地の中心を流れる河川で、覆蓋化され高速道路が建設されていたが、緑と水と生態系が復元され、多くの市民や観光客で賑わう姿を再現した。これは単なる河川整備でなく、市民中心の環境デザイン都市として、交通体系の再整備や、市民との合意形成などの多面的な取組みがなされた《環境デザイン》の結果である。基本構想は、「清渓川が戻ってくる」というスローガンのもと、テーマ「ソウル・エコポリス・清渓川」。デザイン戦略は、「甦る私たちの文化・川辺の思い出・緑」、イメージは、「煩雑さから快適へ、閉鎖的構造から開放的構造へ、不潔さから清潔さ」である。この基本構想のもと、橋梁デザイン・河川や水辺や夜間の景観・歴史文化の復元・活性化プログラム、都市の再開発が総合的に行われ、都市の魅力づくりへの基盤がスタートした。

テーマとゾーン
　清渓川の最上流部は「歴史と伝統」、中流域は「文化と現代」、そして下流区間は「自然・未来」をテーマとした空間となっている。6つの建設業者と4つの設計業者が参加した。詳細設計段階で、すべての業者が参加する合同設計事務所を運営し、互いに調和を図った。デザインに先立っての景観分析段階では、河川周辺の山並みや都市景観要素を点・線・面として解体分析する造形的方法に視覚軸を加えることで、生き生きとした景観になるようデザインした。清渓川を眺望できる視距離を基準として眺望点を算定し、視点場ごとの景観演出がされている。遠景では都心を横断する水景と緑地軸の景観演出、中近景では、接近したくなる公園のような景観演出を、最近景ではディテールを特化させた景観演出として歴史文化復元の演出を重視したデザインとなっている。

都市の魅力として
　都心部において水の多様な姿と調和のとれた親水空間が創出されたことに最大の意義とその魅力がある。ここで出会える清い水は、湧き出る、流れる、落ちる、溜るなど、様々にその形を変えながら、自然や時の移ろいを感じさせ、市民の心を穏やかで、ゆとりあるものへと変えてくれる。水に対する渇望は人に普遍的に潜在している根源的な感覚ではないだろうか。都心部にありながら、触れられる水であり、せせらぎのように音として聞こえてくる水、活きている水は、都心の"魅力再生"の要となっている。訪れる人々によって絶え間なく新たな意味と価値が付け加えられて、市民の生活の中にそして心の中に流れ、清渓川の魅力的な変身は今もなお現在進行形である。

金　賢善

1章　人でつなぐデザイン

行為

風景―共有された感性

調査の様子

前浜堤の松並木

にんじん畑とビニールハウス

1-3　行為…風景―共有された感性

景観とは何か

　市民の記憶の中にある風景の印象を探る研究を始めて6年目。碧南市（愛知県）は特別な観光資源や景勝地を持たないごく普通の地方都市だ。市民や行政担当者は口を揃えて「碧南には景観がない」という。それが、この町の景観行政に取り組んでみようと思うきっかけとなった。

景観に関する三つの疑問

　（1）　一般的に設計者は自分のデザインがその場所に調和し、地域に愛される存在でありたいと願うが、そもそも、地域住民は場所の何を愛し、これから先どうありたいと願っているのか、それを知る術がない。専門家としてのリサーチはするが、後は自らの経験と良心と直感に従ってかくあるべきイメージを「善かれ」と断定する他ない。

　（2）　景観を専門家が独占することの不自然さである。フランスの歴史家アラン・コルバンは、「風景は長い年月をかけ、住民の淘汰の結果でき上がった地域の文化的産物」という。それが住民にとって自覚的ではないにせよ、専門家の判断基準とは性質を異にするものである。したがって、景観資源の選定を学識経験者らが中心に行うことには根本的な違和感を感じる。

　（3）　景観の整備はすなわち観光化という混乱がある。優れた景観が、人々を魅了し、観光としての経済効果に結びつく場合はあるが、それは景観の価値の一側面でしかない。本来、どの町においても、過去とどうつながり、未来をどう築くかに無関心でいいはずがない。

景観の共有

　景観研究の多くは、これまで物理的な特性にスポットが当てたが、景観を作り継承してきた主体にアプローチするプロセスが欠けていた。景観のエレメントはすでにその場所に存在しており、それらに価値を与え共に生きてゆくのは住民なのだ。住民によって共有されてきた景観の過去と現在を知るとともに、それらの共有関係を深めることが、景観の未来に与える影響は大きい。デザインは、このような人と場所の結びつきに寄与するものでなければならないのではないか。景観の共有をキーワードに、ある時は住民と膝を付き合わせ、ある時は一緒に歩きながら自然に口をついて出てくる街の記憶を記録する。こうした活動は、個々の極めて私的なコンテンツの中に意識化されていなかった共有構造が発見されたり、一方で新たな共有が構築されるといった影響を住民に与えるが、こうした触媒のような機能をデザインも担えればと思う。

水津　功

1章　人でつなぐデザイン

行為　人々の想いがつないできた造形

1：名勝「兼六園」の雪吊り　［石川県金沢市］
2：重要伝統的建造物群「金沢東山ひがし」の格子窓
　　［石川県金沢市］
3：雪見障子のある茶室　［石川県金沢市］

兼六園の雪釣り

　町並みや都市には、地域の気候風土に磨かれた、それぞれの地域の個性が宿っている。写真1は名勝「兼六園」の「雪釣り」である。雪の多い北陸の代表的造形として、今や全国に知られる存在だが、その起源は江戸時代末頃から大身の武家の庭に植えられることが多かった果樹のうち、リンゴなどの重い果実を支えることから始まったとされる。それが雪害から果樹を守るためにも使用され、やがて果樹以外の庭木の雪囲いにも応用されるようになって、今日のような姿になったのだ。最初は実用目的であっても、人から人へと受け継がれ、年月を経る間に伝統となり様式美となり、やがて風景として定着する例が歴史都市には少なくないが、雪釣りは雪国の人々の日常行為が気候風土に磨かれて完成した典型例である。

加賀格子のデザイン

　写真2は国の重要伝統的建造物群「金沢東山ひがし」の町並みを特徴づける格子窓である。地元では「キムスコ」と呼ぶが、京都の格子に比べて格段に細いところから、「木虫籠」すなわち虫かごに見立てたのであろう。格子の立て子の断面が内側で狭く外側で広い台形であることも特徴である。立て子の断面が台形である理由は、内側から外を眺めるに視界が広く、外からは内部が見えにくいからであるとされるが、その起源は雪の吹き込みを防ぐためであったかと思われる。この繊細な立て子を作るためには、加工のしやすい木材が望ましいが、これには能登のアテ材が使われた。金沢ではクサマキと呼ぶ、檜に似たこの良材を地元で得られたことが、大工や建具師の技術を育てるとともに、意匠を育んできたのである。美しい木肌ゆえ塗らずに使うことが多いが、茶屋町ではベンガラの赤が、この細やかな格子の美しさを引き立てている。

雪見障子のある茶室

　加賀藩祖・前田利家は千利休と直接に交わりのあった人物だが、以降、歴代藩主は茶の湯を好み、今も金沢は茶の湯が盛んである。茶室の数は多いが、明かり障子を立てた小間に優れたものが見られるのは気候風土によるのであろうか。写真3は金沢市内の某私邸のためにデザイン・施工された茶室である。給仕口には明かり障子が設けられ、その下部は雪見障子となっている。茶室は、人と人が親しく向き合う空間とはいえ、時には外の様子が知りたいものだ。特に初冬の頃、霰が雪に変わって地面が真っ白になる様子などは、音だけでなく目でも確かめたくなるものだが、雪見障子はまさにそうした欲求を満たす装置として、雪国の人々に愛され育まれてきたものなのだ。

黒川威人

1章　人でつなぐデザイン

行為

知恵を生む手法

1：KJ法で問題点を抽出する
2：KJ法で問題点をまとめる
3：学生と商店街店主との交流
4：全員がホワイトボードに向かっての提案

コンパクトシティと商店街

　商店街の衰退は、全国のほとんどの地方都市が抱えている問題である。衰退の要因として、昭和30年代～40年代の成功体験や大店法や各種助成による保護施策によって、商店主の意識が世の中の変化に対応できなかったことがあげられる。そして今、世の中は郊外への都市拡張からコンパクトシティへ方針転換がなされようとしている。商店主らの中には古き良き時代が再来するのではと期待する向きもあるが、残念ながらそれはあり得ない。なぜならば、生活者のライフスタイルや消費行動が全く変化しており、全盛期のような商売の方法は成り立たないからである。

価値観の違いを乗り越える工夫

　意識を改革するには、自分たちとは異なった視点で現状を把握することが必要である。若者の誘客を望むことも商店街に共通した意見であるが、そのために若者の意見を聞くとなると総論賛成・各論反対となり、議論が噛み合わないことも多い。価値観の異なる人たちの間で建設的な議論をするには、「工夫」が必要である。その工夫の一つが「デザインの手法を用いる」ことである。課題を発見し、それをまとめ、その解決策を考え、プレゼンテーションする。デザインに携わる者にとっては当たり前の方法であるが、この手法が当事者たちの理解を深め対話を促す効果がある。まず、課題の発見とまとめには、川喜田二郎氏が考案し『発想法』(1967年刊)で紹介されたKJ法の利用が効果的である(写真1、2)。個々人の気づきが集約され、参加者共通の意見としてある種の客観性を持つようになるだけでなく、グループ間の関連性を視覚的に表現することで、課題の因果関係も明らかにできる。まとめられた文章で課題の全体像を把握し、ダイアグラムで詳細を視覚的に把握できる。KJ法を利用するにはある程度の訓練が必要であるが、そこから導かれた結果は一般の人々にも容易に理解できる。

競争を協同に変える工夫

　若者のプレゼンテーションに際しては、座席のレイアウトにもひと工夫が必要である。対話の席を商店主と若者が向き合うようにセッティングする場合があるが、これでは、アメリカの心理学者ロバート・ソマーのいうように「競争」になってしまい、話の内容でなく話者を攻撃してしまいがちである。まちづくりは共同作業であり協力関係を構築しなければならない。対立を回避し建設的な対話を促すためには、提案を描いたボードに向かって参加者全員が着席し、常に提案内容に注目できるようにする必要がある(写真3、4)。このような些細な工夫によって、問題を参加者全員で共有し、その解決のための建設的な意見を引き出すことができるようになるのである。

近藤桂司

1章　人でつなぐデザイン

参考資料

8 ページ	茅葺き（千葉県鴨川市鈴木邸　文化庁登録文化財）　周辺及び照明デザイン：佐々木美貴
	JR 平井駅前広場　駅前広場デザインについて周辺商店とのヒアリング　デザイン：佐々木美貴
	篠崎ビオトープ　企画・デザイン：えどがわ自遊学校～水と緑の寺子屋～（監修：佐々木美貴）
	もうひとつの住まい方推進協議会　http://www.ahla.jp
9 ページ	名古屋ミッドランドスクエア　ロゴマークデザイン及び商業エリア・サインデザイン計画　デザイン：Kato Design Office
	国営ひたち海浜公園　砂丘エリア・サイン計画　デザイン：Foris Design（グラフィック担当：加藤三喜）
12-13 ページ	大阪市天王寺動物園サバンナゾーン　設計：（株）空間創研
	よこはま動物園ズーラシア　サイン設計：（株）GK 設計
	東京都多摩動物公園　サイン設計：（株）GK 設計
14-15 ページ	@KCUA サマーワークショップ 2010『びっくり道場』ドキュメント、京都市立芸術大学ギャラリー @KCUA 発行
	写真：《ウォーキング・ウィズ・ベアー》　撮影：前川紘士
18-19 ページ	月見光路ホームページ　http://www.kanazawa-it.ac.jp/prj/tsukimi/
22-23 ページ	ソウル市の清渓川復元・再生プロジェクト　http://www.cheonggyecheon.or.kr/
	設計：金　賢善事務所　www.khsd.co.kr
26-27 ページ	個人宅（石川県金沢市）　デザイン・設計・施工：黒川威人

出典　※印

20 ページ	表 1	※1：岡島達雄著『建築材料学入門』井上書院、1974 年より要約
	表 2	※2：相場　均著『感覚の世界』講談社ブルーバックス B-19、1965 年

2章　モノでつなぐデザイン

2章　モノでつなぐデザイン

モノでつなぐデザイン

　「モノでつなぐデザイン」とは、個々に存在する様々なモノをつなげる観方や考え方、姿勢などによる新たな環境づくりである。

　私たちの身の回りにある小さなモノから大きなモノ、例えば、食器や家具、建具、道路、橋梁などはそれぞれプロダクト製品、インテリアエレメント、建築、土木構造物といった分類に分かれ多種多様に存在する。これらは、実態があり、目で見ることができ手で触ることができる。生活をかたちづくるとともに、生活のしかたを方向づける。モノは、私たちを取り巻く環境を構成する具体的で基本的な要素である。

　身近な環境として住居がある。住居内部を構成している床や壁、家具などのモノは、それらの関わり方や形、色、素材などの違いで人のとらえ方や印象などを変える。好みで統一したり、色を合わせたり違わせたりするなど、方法は多い。一方、街並みでとらえると住居は、同様に、ビルや道路、街灯といったモノとともに、それらの関わり方や形、色、素材などの違いで人のとらえ方や印象などを変える。そのあり方で、住みやすくもなり、住みづらくもなる。つまり環境を構成する要素としてのモノは、人との関係の中で常に影響を与えて存在しており、個と全体で相互に関わり合っているといえる。そのためモノのデザインにおいては、関わる人、そのモノがある場や時、そのモノが持つコトを含めて、モノそのものの要素としての仕様、存在のしかたとしての様相、人にもたらす価値を明確にする必要がある。なぜなら、モノをデザインすることは人を含めた環境をデザインすることであるからである。

図1：モノ→インテリア→建物→エクステリア→街並み→都市

モノでつなぐデザイン　はじめに

はじめに

モノの現在
　現在、私たちの身の回りは様々なモノで溢れている。モノの送り手としての私たちは、種類や品目などを細分化し、色や形のバリエーションを限りなくつくっている。一方受け手としての私たちは、吟味し、永く使えて愛すべきモノを求めている。昔のように一つのモノを大量につくって売り、同じような環境で同じように使う時代ではなくなっているのは明らかだ。自分の価値感にあったモノで自分の環境をつくる時代に変わろうとしている。

モノのデザインコンセプト
　より魅力的な商品づくりのための様々な手法が研究されている。商品企画時に使われる手法としてユーザーシナリオやペルソナという方法があるように、コンセプトを立案する方法はつきない。例えば、椅子をデザインする場合は、どんな人が使うのか？年齢、体格、ライフスタイル、形と色と素材の好みなど。どんな時にどのように座らせるのか？　どんな場所に置かれるのか、面積や周辺との関係性など、モノをデザインする過程では環境との関わり方について考える。また、使っている時、使っていない時、といった時間経過や使用者以外の人との関係も大切である。公共空間に置かれるモノについては、多種多様な人々が利用するので、特にこれらの配慮が必要となってくるだろう。様々な人の行動パターンを把握し、安全性や衛生性などはもちろん、感性的にも快適に過ごせるような工夫が求められる。
　これら姿勢や立場は環境づくりそのものである。デザインコンセプトには環境の視座が不可欠なのだ。

モノから環境へ
　私たち人間は、太古の昔から生きるために「考え」「つくる」ことをしてきた。それは、本能に近いことなのかもしれない。しかし、不必要なモノまでつくり、モノ余りの時代にもなり、結果的に地球環境などを乱すことにもなった。つくり続ける中でつくることが目的になり、考えることが疎かになったのかもしれない。これからは、モノをつくることは環境をつくることととらえ、モノをデザインすることは環境をデザインすることと考える必要がある。「新たにつくり出すものを、環境になじませるデザイン」「今あるモノを使いながら、新しい快適な環境をつくり出すデザイン」など、これから先のモノのデザインを考えたい。
　本章では「モノでつなぐデザイン」を「要素」「様相」「価値」の3項から検証する。

2章　モノでつなぐデザイン

はじめに モノでつなぐデザイン

2-1　要素

　形、色、素材は、モノを語るときの基本要素である。これらは第一に目的とする機能から施される場合が多い。まず、モノに施される形の機能は、何かを入れる、飲む、持つ、置き台にする、体をゆだねるなど、様々な人間の行為を補佐してくれる。また、モノに施される色の機能は、その色相によって、注意を喚起したり、目印にしたり、ゴーサインの代わりにする。そして、モノに施される素材の機能は、暖かくする、汚れにくくする、滑りにくくする、といったものがある。しかし、モノが人へ及ぼす作用は、このような機能性ばかりではなく、感情に与える印象がある。形には、形の持っている特性があり、丸い形と四角い形では感情に与える印象が異なる。デザインする側は、機能を達成しつつも考えられる様々な形について、人に与える印象を想定しながら施しているのである。例えばコップは、飲みやすさや洗いやすさから、円筒形が効率的と思われるが、世の中には四角のものもあれば六角のものもある。これはつくり手が機能以外に人の心に印象を与えたかったからである。同じように、色は明るい色、暗い色、暖色、寒色、など感情に与える影響があり、素材は、触らなくとも視覚的に優しさや険しさなど人の感情に訴えかける。現在、同じ形状で様々な色や素材の携帯電話があるが、機能のみで考えればこれほどまでのバリエーションは必要ではない。前述したように、一人ひとりが自分の価値（印象の好み）にあったものを探して、自分の環境を創る時代になってきていることからしても、モノのデザインは、ますます人に与える感情を意識してデザインされていくと考えられる。

　本項の「自然の形からインスパイア」では、人とモノと空間のつながりやスタイルを意識しながらデザインを行ったプロダクトの事例について、「都市のアイデンティティをつくる色」では、色を都市のブランド創生として取り組んだソウル市のデザイン事例について、「仕上がりに影響を及ぼす素材」では、公共空間に置かれるモノの素材について、耐久性と訪れる人の心の快適性を両立しながらデザインしたショッピングモールの事例を紹介する。

2-2　様相

　モノには、「形」、「色」、「素材」では語りきれないモノの存在感がある。それが様相（ありよう）である。モノはそれ自身でなく周囲との関係性でみられ、これはモノのデザインと環境のデザインとで共通する部分である。色や形や素材は、あくまでそのモノの基本情報であり、普遍的な要素であるが、様相は、情緒的にいうと姿や佇まい、幾何学論的にいうとバランスやプロポーションであり、見る角度や距離の違い、周辺に置かれるモノ、照明の加減といった環境要素も影響している。特に、姿や佇まいの意味は、（姿）は人のからだの格好、（佇まい）は立っている様子、そこにあるモノのあ

りさま、そのモノの醸し出す雰囲気、という意味で、常に変化する場面（シーン）による美しさの表現といえるのかもしれない。またモノの様相として、複数での置かれ方、配置、レイアウトがある。モノは単独で置かれる以外に複数配置させることがあり、そうすることで一つの環境を成立させるということもできる。柱や柵など、同じ形態のモノが複数並んでいる環境は意外に多く目にする。それは整列していたりランダムに置かれたりしているが、それぞれに心理効果があり、その場に合ったふさわしいデザインを施す必要がある。様相の三つ目として異なるモノが連なった状態による行為の流れがある。人の行動は様々あり、それらは必ず前後につながっている。一連の行為を快適に達成できる、流れのあるモノの構成が良い環境といえる。

　本項の「人とモノと空間の「姿・佇まい」」では、モノが空間の中で共に存在している状態を美しい景観となるように考えた電気掃除機のデザイン例。「形態、機能を多様化する配置」ではモノの置き方による心理的な効果を活用し、様々な並べ方のできるイージー・ベンチの提案事例。「スムーズな行為の流れをつくる」では、人の動作をスムーズに行う、モノと環境のデザイン事例としてオフィストイレのデザインを紹介する。

2-3　価値

　過去、モノの価値は希少性や高価さ、機能の良さで測られてきたが、今は心の満足の時代である。目の前にある物理的事象だけでなく、それが考えられた背景や利用の仕方がユーザーに満足を与える。例えば、既存の製品でも今までと異なる場所や用途で使うことによって、新しい価値を発揮することがある。これからのつくり手は、物体のデザインだけでなく、モノを通したユーザーの経験をデザインする必要がある。

　本項の「場とモノの新しい組み合わせ」では、屋外での座る場所の道具立てをテーマに学生と取り組んだ研究で、ありふれたものでも使う場所によって高い価値を持つという事例である。「心と心を満たすモノの介在」ではモノと人の位置関係を見直し、人に近づける工夫をしたことによって、人と人の心をつなげることができたプランターの事例。「未来環境でのあり方」では微小重力下でのモノと人の関係を、生物生態からヒントをつかむバイオミミクリの発想で、新たな家具を提案した国際プロジェクトの例を紹介する。

橋田規子・杉下　哲

2章　モノでつなぐデザイン

要素

自然の形からインスパイア

1、2：PITACORO／3、4、5：ICE Sofa：プロトタイプ／6、7：hanger light：プロトタイプ

2-1 要素…自然の形からインスパイア

生活環境において、『形』という切り口で、3点を例に考察する。

「PITACORO」―色を「遊び」「使い」「飾る」マグネット
　多彩な色がパレットの上で混ざり合うことと、マグネットの結合する特質（機能）をつなげたものである。道具を使うことだけではなく、生活環境の中で自由に色を飾り、遊ぶことで新たな価値を創出する。色（顔料）の原料は石であるように、石は道具の原点である。この概念が、マグネットとしてかつてない表情豊かな、まるで自然の石コロのような多面体をかたちづくる基盤となった。

「ICE Sofa」―生活シーンに応じ、組み替えることのできるソファーベッド
　四角いフラットなベッドスタイルから、流氷が割れるように切り離し、重ねることで現れる段差や空間をソファーとして利用することができる。日本固有の床座に近いスタイルを残しながらも、座るという行為のみに限定せず、インフォーマルに展開できるよう設計された形である。

「hanger light」―積極的に見せて置ける、手軽さと利便性に長けた懐中電灯
　部屋の雰囲気を損ねてしまう外観では置き場所に困り、つい目につかないところに置いてしまう。それではいざ必要なときに、すぐ手に取ることが難しい。「hanger light」は懐中電灯の「使う」「照らす」といった機能だけでなく、インテリアとして「飾る」といった概念を新たに付加し生まれた形である。

　「PITACORO」「ICE　Sofa」はいずれも、自然の形からインスパイアされた生活雑貨・家具である。それらを室内に配し、インテリアエレメントと自然界とをシームレスにつなぐことで中間ゾーン、言わば縁側のような空間が出現する。これは枯山水のように、エレメントの『形』や配置が、環境に対して影響を及ぼしたことになる。一方「hanger light」は、他二点とは異なり、環境から導き出されてできた『形』である。以上のことから環境デザインは、環境に対してアクティブかパッシブかの2通りあると考えられる。そして、それぞれの共通点でもある環境デザインの観点による『形』とは、インテリア空間において、人とモノだけでの関係で完結するプロダクトとは一線を画し、人、モノ、空間の『つながり』で、それぞれが調和することにあるといえる。また、それらを調和させることは、人の生活における最も自然な『形』＝『スタイル』をつくることでもある。

渡辺仙一郎

2章 モノでつなぐデザイン

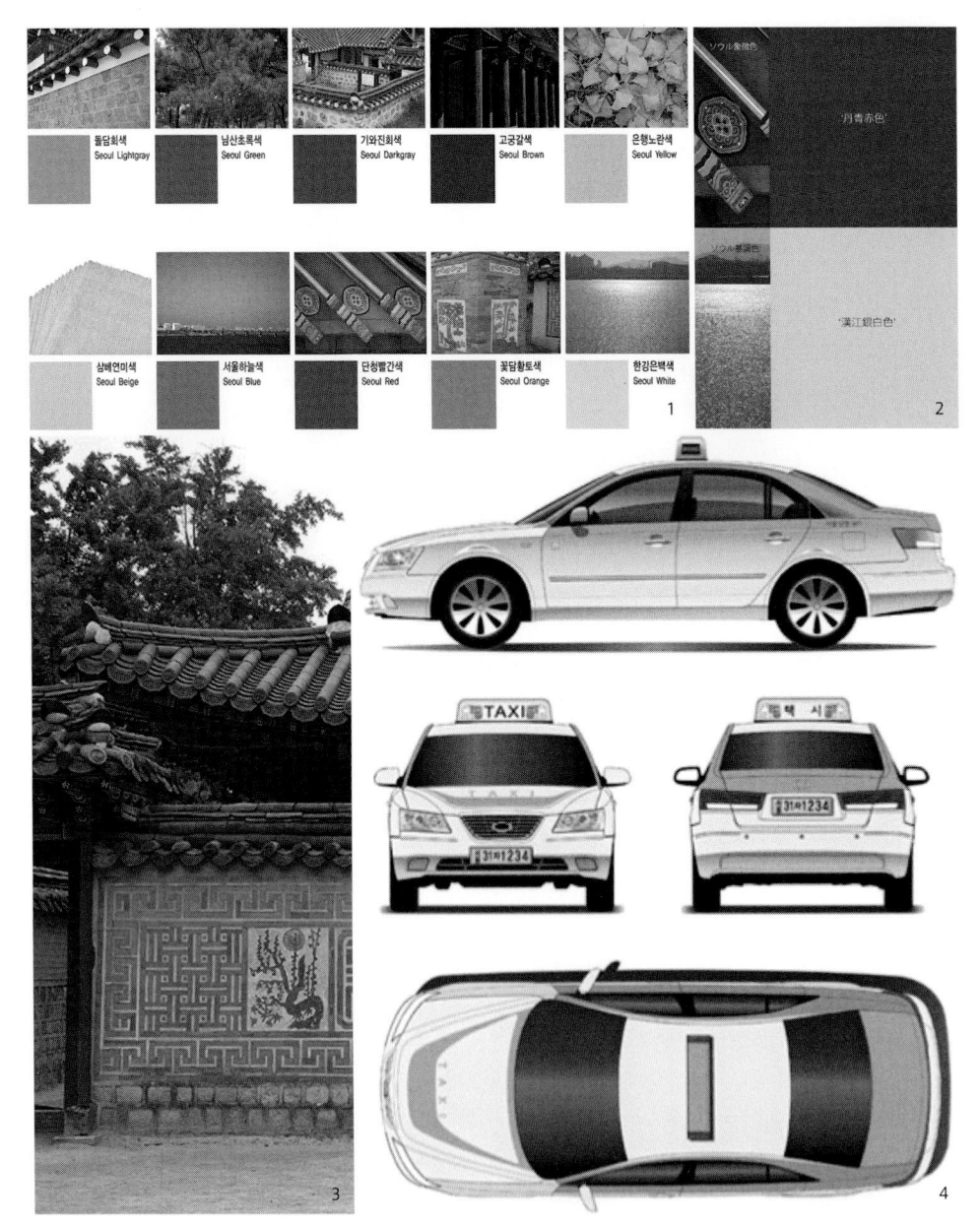

要素　都市のアイデンティティをつくる色

돌담회색 Seoul Lightgray	
남산초록색 Seoul Green	
기와진회색 Seoul Darkgray	
고궁갈색 Seoul Brown	
은행노란색 Seoul Yellow	
삼베연미색 Seoul Beige	
서울하늘색 Seoul Blue	
단청빨간색 Seoul Red	
꽃담황토색 Seoul Orange	
한강은백색 Seoul White	

1：ソウル代表色10／2：《象徴色―丹青赤色》と《基調色―漢江銀白色》／
3：花塀黄土色／4：ソウル・タクシー色彩デザイン

2-1　要素…都市のアイデンティティをつくる色

　都市を構成する色の要素は複雑で多様である。基本的には風土によって得られた色彩が文化によって精製され、独自の都市色彩を生成する。都市の色彩が熟成すると都市を構成する構成員の色彩やスタイルも多様化され、個性的な色彩が尊重され都市と調和するスタイルが持続的に発展し、その都市だけの色を発信することが可能となる。

　ソウル市は、デザインによって暮らしの質を変えていく、デザインが価値となり文化となる Soft City としての魅力的な都市ブランド創出に乗り出している。アイデンティティと文化性を具現化させるためのデザイン基盤として《象徴・色彩・書体》を環境デザインのファンダメンタルとして定め、《デザイン・ソウル》として統括される都市環境デザインの様々な分野において戦略的かつ積極的に活用している。

ソウル色制定
　都市は色彩によって無意識的に、早くそして長く記憶される。《伝統と現代が共存している 600 年のストーリー都市・ソウル》としてのアイデンティティを構築するための《ソウル色》。ソウルの自然・人工・人文環境の色を、山・水・建築物・街路・施設物・視覚情報・伝統文化など 13 の項目に分け調査・分析することで《現象色 250》、《地域色 50》、《代表色 10》、《基調色―漢江銀白色》、《象徴色―丹青赤色》からなる《ソウル色》を定めた。さらに都市ソウルが持つ機能および特徴に対して体系的に《ソウル色》を適用するための実用的な圏域別色彩ガイドラインを策定し、都市イメージを確立するための様々な計画に積極的に活用できるようにしている。

ソウル・タクシー色彩デザイン
　都市におけるタクシーは都市環境色彩的に一つのコードであり、もはや文化として位置づけられる。そこで《ソウル色》の具体策として、タクシーデザインのインフラを整え、動く象徴として都市ブランド力を強化することを目的とした《ソウル・タクシー色彩デザイン》を提案した。都市景観との調和やソウルの象徴としての意味合い、そしてタクシー関連分野の多様な意見を収斂し、《ソウル代表色 10》から、灰色系を基調色とし、装飾していた黄土の色である花塀黄土色を象徴色として、さらに、塗装費用の削減効果を考慮し漢江銀白色を基調色として選定した。象徴色を最小限に使いながらも視認性は最大化させることで実現性や経済性が考慮され、タクシー自体をグラフィック要素として活用し表現したデザイン案である。この色彩デザインは、来訪者にとっては再び訪れたい、記憶に残る都市の象徴となり、市民にとってはシビックプライドの形成が期待されるなど、様々な人々とその暮らしをつなぐ環境デザインとなる。

申　珠莉

2章 モノでつなぐデザイン

要素　仕上がりに影響を及ぼす素材

1、2：イオンモール羽生サイン計画［埼玉県羽生市］／3、4、5：三隈川河川標識［大分県日田市］

2-1 要素…仕上がりに影響を及ぼす素材

　素材を検討することは、デザインを行う上で重要な位置づけにある。たとえ同じ形・色をしていても、素材が異なることで全く異なるモノに見えたり、異なる印象を与えたりする。素材はモノの仕上がりに強く影響を及ぼすということができる。

公共空間に設置するモノの素材
　公共空間に設置されるモノの素材を検討する際に、忘れてはならないことの一つに素材の耐久性が挙げられる。あらゆる人々が利用する公共空間においては、一度整備が行われると、その後数十年間設置したモノに対しメンテナンスが行われないというケースが少なくない。したがって、公共空間に設置されるモノを対象にデザインを行う場合は、このような管理の現状と設置後に想定されるイタズラや破壊行為、屋外であれば厳しい自然環境による経年変化などを考慮に入れた素材選択を行う必要がある。乱暴な言い方をすれば、設置直後のモノはどのような素材を使用していたとしてもそれなりに美しく、きれいに見える。デザイナーの力量が試されるのは、整備された公共空間が数十年後にどのような状況になっているかという点にある。公共空間の整備においては、行政が主導するケースが多く費用軽減の観点から、つい安価であるといった点や設置直後の仕上がりの美しさを優先してしまいがちになる。しかし、公共空間に設置されるモノを対象とするデザイナーは専門的な知識を有する者として、コスト面はもちろんのこと将来的な姿を想像し数十年後の美しさや魅力といった点についても考慮し、各ケースにおいて最も適切と考えられる素材を選択する責務がある。

デザイン方針と素材検討
　イオンモール羽生(埼玉県羽生市)のサイン計画では、利用者がより快適にショッピングを楽しめる空間づくりを行うために、天井吊り下げ型のサインを極力減らし、ベンチとサインがセットになった床置き型のサインを設置した。これは、視界を遮らないオープンな空間を導出し、利用者が気軽に小休憩が行える空間を目指したためである。床置きサインは直接触れることができるため、その素材にはイオンモールが力を入れている環境への取り組みが表現できる木質素材を採用した。また、2008年から実施の九州の河川標識プロジェクトでは、最も多く設置されている河川利用時の注意やマナーに関する標識を統一化するデザインルールを策定し施工を進める一方で、河川名標識や地域の案内標識などの各地域の景観要素の一つになりうる標識については、地域の独自性を創出するためにその地で産出する素材や特産品を使用することを基本とし、厳しい自然環境を考慮したほぼメンテナンスフリーの素材選択やデザインを実施している。

曽我部春香

2章 モノでつなぐデザイン

様相

人とモノと空間の「姿・佇まい」

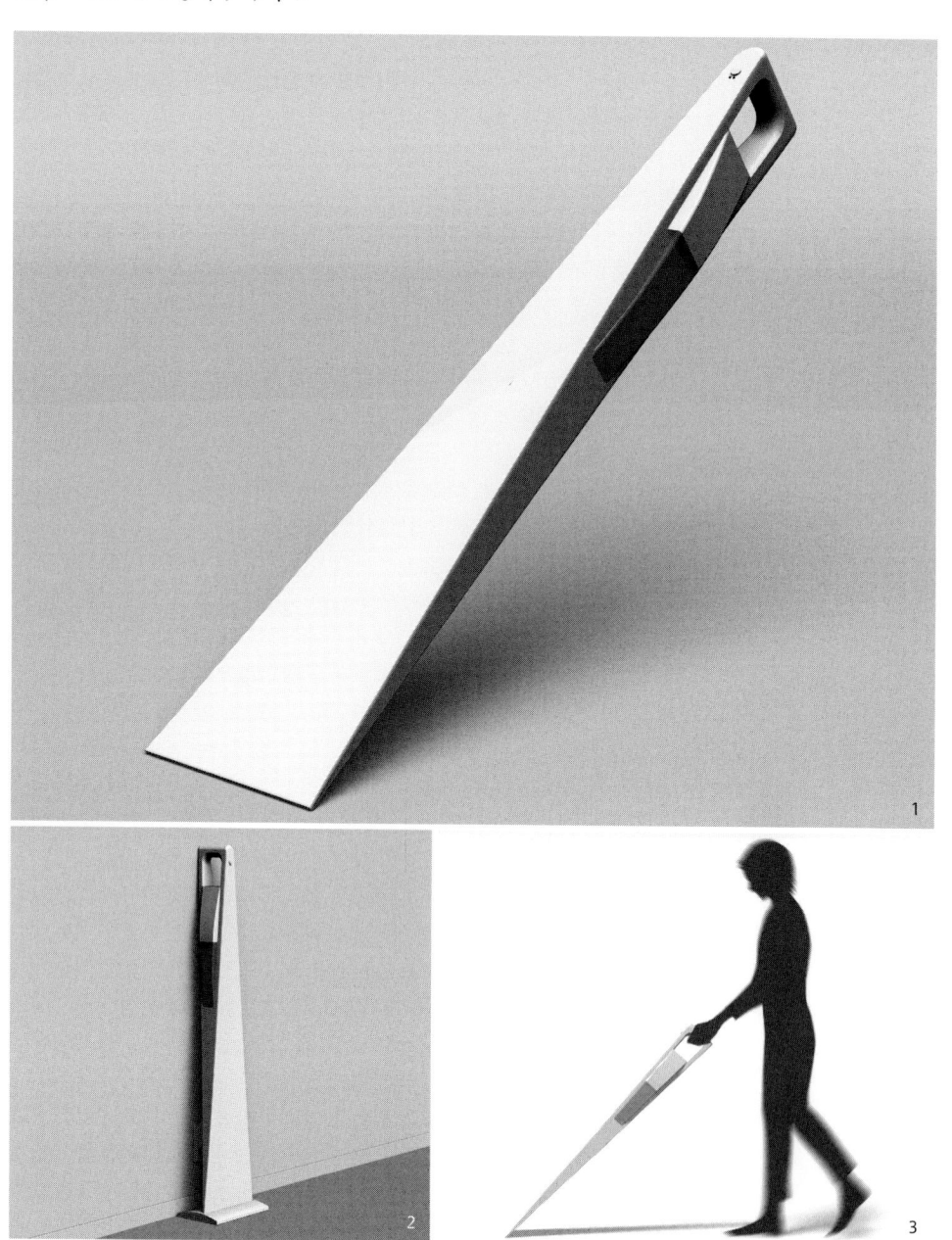

1：ソウジンキプロトタイプ／2：充電ベースでスタンバイする佇まい／3：コードレスで使う姿

2-2 様相…人とモノと空間の「姿・佇まい」

　人の生活環境には、様々なモノが登場する。それらは、各人のお気に入りの場所や使い勝手の良い所に置かれている。この様子が、空間や周囲と上手く調和したときは文句なく「様」になる。さらにその位置は、時の経過やヒトの行為とともに微妙に変化していくものである。モノとモノ、モノと空間に加えて時間的バランスまでをデザインするには、「人とモノと空間の振舞いの状態」をとらえる視点が必要である。

姿―モノから離れ、視覚的に全体像を眺めて判断する造形視点
　一般に「姿」は「形」と混同されがちだが、「姿」は「全体像を眺めて感じる視覚印象上の様相」すなわち「格好」を示す。姿が美しいとか面白いという印象は、言い換えれば寸法比例としてのプロポーション、均衡性としてのバランス、陰影の強弱の他、色彩や素材の対比によるコントラストなど、固有の造形を特徴づける工夫が整合した結果到達する。さらに、姿の造形は、人との接点であるインターフェースデザインと、操作や使い勝手に適正なエルゴノミクスに加え、直感的な使い方を促すアフォーダンスの配慮が必要である。「姿」は使用者に、視覚的な総合情報を発信する。

佇まい―モノが空間と他のモノと時間系を伴う共存状態における造形視点
　「良い佇まい」と感じるのは、モノが他のモノや空間、時間と均衡のとれた状態と定義できる。この視覚的な認識は、モノを建築に置き換えるとわかりやすい。建築は風景の中に置いて、初めて「景観」として認識される。ランドスケープデザインでは、建築とその回りの風景との調和を目指し、「良い景観」を生み出すことを目指している。モノのデザインでは「姿」と同時に時間と響き合う「佇まい」を意識して造形することによって、自己完結的な製品が混在する今日的生活様相は改善されよう。

ソウジンキースタンバイ状態の姿と佇まいをデザインする
　写真は、電気掃除機を見直したプロトタイプである。清掃が必要なときにすぐ使え、すぐやめられる姿は、スタンバイ状態を常とする。収納と準備や片付けを前提とした従来品に対し、部屋に置いたままの姿がエレガントに映える「佇まい」を意図した。壁に立てかけると充電が始まり、必要なときに充電ベースから外し、即座に掃除ができる。また、現代の密閉型住環境では、ハウスダストや花粉、ペットの抜け毛など、微細な塵や埃が中心と考え、ネーミングは「掃塵機」をカタカナで表した。仕舞うことを前提としない「姿」は空間とバランスし、使うときはヒトの振舞いと馴化して、それが自然な様相としての「佇まい」になることを狙った。

山田弘和

2章　モノでつなぐデザイン

様相

形態、機能を多様化する配置

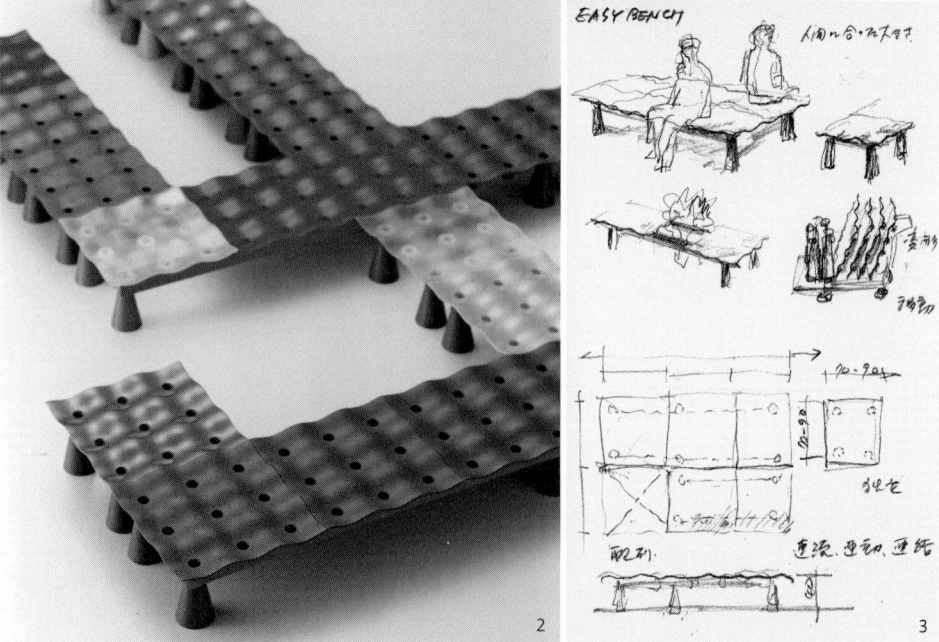

1：イージー・ベンチ／2：イージー・ベンチ組み合わせ／3：デザイン検討スケッチ

2-2　様相…形態、機能を多様化する配置

　自然界を見渡した時に、そこに存在する動植物、鉱物にはそれなりのつながりがある。それらは常に単体で存在するわけではなく、連動したり変形したりしながら、新しい形態を形成し機能を多様化させてゆく場合が多い。自然界に人間が関わる場合、モノとして作られたものが自然と似たようなあり方を追う場合も少なくない。環境デザインは、人間の思考と行為から発生する「自然への働きかけによる変革作業」であり、そこにしつらえるモノを、どこに、どう置くか（配置するか）が生ずる（いかにつくらないか？　という選択肢もある）。それが増殖する場合、人間の存在基盤が地平面であるなら、その展開方向への配置法の一つに、水平方向の「並べ方」があることを理解できる。

無限にある「並べ方」

　日本には古来、宗教上の由来も含め「並べ方」については多様なバリエーションがある。古寺仏閣に見る庭石の並べ方、稲荷に見る鳥居の連続、現代では街道に設置された街路灯もそうだ。よく知られるように、ヨーロッパの公園や貴族の庭園は幾何学的な配列にこだわり、建物の窓や装飾にもこれが見える。日本ではこれに対して、列柱は別にして、同じ並べ方の繰り返しを嫌がってきた気配がある。

　モノの並べ方には、同一形態で単体でない場合、平面上の存在では1対から2連、3連というように、無限大まで、また単線や複線の直線や曲線、ジグザグや無数の曲線、さらには数学的な配列方法まで、碁石並べのように数限りなくある。

水平方向に並べたベンチ

　同じものの連続は、リズム性を持つようになり、人間にとって一種の心強さや、安心感ももたらす可能性もある。例えば前述の街路灯は、夜道に一直線に並ぶ時、道路の明るさだけでなく「人知力」を感じさせ、何もない砂漠状地なら、心の「道しるべ」のように思えるかもしれない。自由に並べた人工物も楽しみやくつろぎを期待できる。

　そのような暗黙の意図を持って組み立てられたこのイージー・ベンチは、所と場所によって方形方向には自由に組み替えが可能で、それに従って色組も自由だ。このために、道路標識のカラーコーン状の樹脂脚柱、それに渡す軽鉄か強度材の樹脂パイプなどによる横架材、それに軽くして強度を増すために波打たせた樹脂座面の組み合わせにより、方眼状なら思い思いの並べ方ができる。樹脂であるから水に触れるプールサイドや、スキー場のゲレンデなどが最も似つかわしく、それだけに原色の映える「見せ物」となるだろう。凹面には小穴をつける。ただ、「地平面」でわかる通りこのベンチの課題は、床面の水平面確保が条件づけられていることだ。

大倉冨美雄

様相 スムーズな行為の流れをつくる

2章 モノでつなぐデザイン

●行動の流れとエレメントデザイン

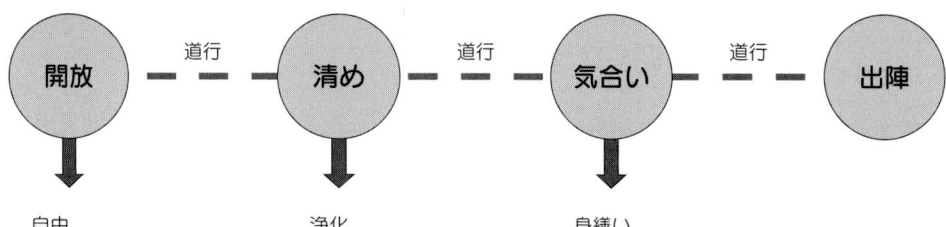

開放 —道行— 清め —道行— 気合い —道行— 出陣

自由
身体と対話する時間

浄化
禊の時間

身繕い
勝負前の時間

| 開放を保障するドア・鍵 | 清めの道具としての洗面器・水栓 | 気合を入れる舞台としての鏡・カウンター |

丸ノ内ビルヂングのトイレ空間
1：トイレ入り口／2：個室前面通路
3：トイレ個室／4：洗面コーナー
5：洗面ボール

2-2　様相…スムーズな行為の流れをつくる

　モノは人の行為を補佐するために形づくられる。したがって、モノの形状や素材や色は人の行為がもとになって創られている。そして、人の行為はほとんど一つひとつが単独ではなく連なっている。連なっている行為は、モノとモノの連なりをつくり、空間が生まれ、環境になると考える。環境をデザインする場合は、この行為の流れを、初めて使う人にもスムーズに、心豊かに行えるような配慮が必要となってくる。

行為と心理の流れからデザインする

　最も基本的な生活行為の一つとして、排泄、洗面行為がある。ここではその行為とそれを補佐するモノのデザイン（プロダクトデザイン）を通して環境をデザインしていったオフィストイレの事例を紹介する。オフィスのトイレは排便や手洗いのためだけの機能空間と思われがちである。しかし、オフィスは仕事に追われるストレスの多い精神状態。トイレ空間こそが癒しの場であり、リフレッシュの場と考えられる。プロジェクトではオフィストイレに訪れる人の行為の流れと心理を研究しながら、より快適な環境を目指して各器具と空間のデザインを行った。トイレでの行動の流れは、排便⇒洗面手洗い⇒身繕いであり、トイレ入り口⇒トイレ個室⇒洗面コーナー⇒水栓金具⇒鏡というモノ的ポイントがある。それぞれのポイントを当事者の心理と行為でみる。トイレ個室では心と身体の解放、そして不調がないか身体と対話。洗面コーナーでは排泄行為を清める気持ちで、手を洗う。しゃきっとしたいときは顔も洗う。洗面鏡前では、自分の顔、身体を鏡に映し、客観的に美しく見えるように身だしなみを整え、仕事に戻るために、気合いを入れる。これらの行為の流れに沿うように器具がデザインされ、配置された。

心を豊かにする設え

　洗面コーナーの洗面ボールではカウンター付でなく、独立した洗面ボールにすることにより、一人ひとりにしつらえた上質感を与える。鏡も洗面ボールごとに独立させ、隣の人と鏡越しに目が合わないようにした。また、よく見かけるカウンター付洗面ボールはカウンターが水浸しでモノが置けなくなるが、本件では水のかからない上段に配置。さらに水跳ねを気にせずに手洗いが行えるように、洗面ボールの壁に水栓を固定させている。また、洗面ボール横にハンドドライヤーを置くことで、スムーズに手を乾かせる。このように、行為のスムーズさに加え、次の人も気持ち良く使える配慮は、使う人のマナーを維持することができ、そこで働く人々の意識を向上させることができると考える。現在も美しく使い続けられているこのトイレ空間は、今もオフィスワーカーのリフレッシュの場となっている。

橋田規子

2章　モノでつなぐデザイン

価値
場とモノの新しい組み合わせ

1：休憩場所の提案／2：モバイル椅子

2-3　価値…場とモノの新しい組み合わせ

　人はいつ、どこで、どんな風に座りたいと思うのであろうか。屋外という所在ない空間の中で、座りたい気持ちを満足させる、ミニマルな道具立てに取り組んだ事例として「座る場所」を創る「モバイルファニチャー」を二つ紹介したい。

環境と一体となった茶室

　1998年に国営滝野すずらん丘陵公園(北海道札幌市)の渓流沿いの芝生地で試みた提案である。茶室といった閉じられた空間ではなく、自然と一体となった自由空間に不特定多数の入園者が創作する「休憩場所」のデザイン提案である。このデザインのコンセプトは「豊かな緑を体験してもらえるように、自由に持ち運びできる敷物」であり、具体的には87枚の紅白のカーペットを準備した。敷物は、従来の茶室と異なり、その周囲を特別な空間に変化させる装置として機能し利用者自らが意図せずにランドスケープを作る装置である、としている。昼間の宴が終わる夕方には、季節によって、天気によって様々なパターンに散らばった「毛氈」(910mm×910mm)が残される。かかる日のかかるひと時、紅白のモバイルファニチャー群は寛いでいた来園者一人ひとりの楽しげな表情と振舞いの記録、一期一会の宴の痕を伝えようとしているようである。

携帯できる私の座所

　もう一つは2009年に札幌市立大学空間コース7名と北海道服飾専門学校生10名のコラボレーションで創ったモバイル椅子である。イギリスの公園などで見かける三脚スツールは脚をたためばステッキにもなるが、この椅子は、重ねられた二枚のコンパネ脚部(差し込み式)と、各自が座ってみたい小さな座面とからなる。座面は服飾デザインの学生がそれぞれの脚部をみながら創作した。脚部の機能的でシンプルな作りに比べ、座面はウール、ジーンズ、フェルトなどを使って、感覚的、ファジーで身体にフィットする「座るファッション」となっている。座面は身体を単に保持するだけではなく、身体を支え、身体を包む服の一部となり、日々の生活風景の中でやわらかい座所になっている。これらの椅子は小さく折りたため、私だけのためのモバイル椅子として、帽子やバッグのような身につける小物のように、取っ手をつかみ簡単に車に積むことができる。前段で紹介した不特定多数に供するカーペットとは異なるが、各自が私らしい満足感を感じさせることができる、もう一つのモバイルファニチャーとなっている。

吉田惠介

2章　モノでつなぐデザイン

価値　心と心を満たすモノの介在

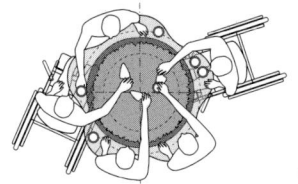

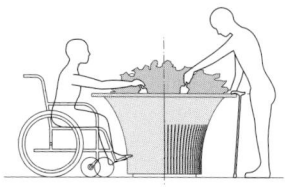

1：レイズドプランター「GEOGARDENシリーズ」／2、3：屋内用ベンチシリーズ「JOYFLEX」／
4、5：屋外用ベンチシリーズ「語らいベンチ」

2-3　価値…心と心を満たすモノの介在

多様な人々の協働を支援するレイズドプランター
　高齢者施設の入居者は、温度や照度が一定に保たれた室内で過ごすことが多い。その結果、精神的にも身体的にもかえって衰えが進んでしまいがちだ。天気の良い日には、なるべく外に出て、外気に触れ、季節の変化を楽しむことが望ましい。園芸療法も有効な手段だが、しゃがんだり腰をかがめての作業は辛いものがある。実験によれば、立ったまま、あるいは車椅子に乗ったまま緑の栽培ができるレイズドプランターが有効な解決策の一つであった。そこで、高齢者施設のみならず、様々な場所で用いられるレイズドプランターを開発した。身体条件の異なる複数の人々が協働し、話を交わしながら作業できるので、植物の生長に伴い人々の心の交流も育っていくだろう。

多様な人々に居場所の選択を与える屋内用ベンチシリーズ
　公共的内部空間では、見知らぬ人どうしが、近い距離で休憩用の椅子やベンチに腰掛けることになる。観察してみると、4、5人が同時に座れるはずのベンチなのに、一人が座を占めると、後からやって来た人が座ることを遠慮したり、すでに座っている人からできるだけ離れた位置に座ろうとする傾向が見られた。にもかかわらず、そのような場で新聞などに目を向けながら長時間座り、他人といることを、むしろ楽しんでいるような人のいることも確認された。公共内部空間では、多様な人々に自分自身の居場所の選択を与えるベンチが必要だろう。この一連のベンチシリーズには、熱い雰囲気の二人のすぐ近くに疲れた人が違った方向を向いて座っていられる自由な雰囲気がある。

多様な人々に居場所の選択を与える屋外用ベンチシリーズ
　公共的外部空間でも、内部空間同様、見知らぬ人どうしが、近い距離でベンチに腰掛ける際には、他人との位置関係に気を使いながら座る場所を選ぶことになる。これは、ベンチが横長の形状であることによる問題だろう。もちろん、設置場所の空間的条件から横長形状がふさわしい場所は少なくない。しかし、広い公園のような場所であれば、横長にこだわらず、座る位置や視線の方向の選択について自由度のあるベンチがあってよい。この一連のベンチシリーズは、そのような要求に応えることを目的として開発され、屋外に設置されるため耐候性の高い素材を用いること、頑丈な構造であること、などの条件をクリアしながら、新しいくつろぎ方を提供している。

清水忠男

2章 モノでつなぐデザイン

価値 未来環境でのあり方

1：μG-Movable　5角形と6角形からなるエアーコンストラクション
2：μG-Movable　ウレタン樹脂製で軽量／3：μG-Movable　LED点灯時

2-3 価値…未来環境でのあり方

宇宙環境下でのパラダイム変換―命の受容器

「Bird House」は、世界の建築家やデザイナーが参加する国際的プロジェクトである。8回目のテーマは「宇宙」。Bird Houseを宇宙で命を育む受容器と解釈した作品"μG-Movable"が採用された。微小重力下で空間を浮遊する人間は、上下・左右の手がかりが曖昧な環境で不安定な姿勢をとるため、平衡感覚の継続的維持が困難である。特に宇宙居住においては、睡眠、移動、固定作業、休息のポーズなどにデザインの必要性を感じた。これらの動作は、宇宙居住においても主たる人間動作として位置づけることができ、地球生活での人間動作と大きく異なるパラダイム変換が想定され、当然、装置・道具類のデザインには発想の転換が必要となる。具体的には、微小重力下での睡眠の姿勢を優しく快適に包むための受容器（ベッドに類するモノ）、プライベート時間の行動支援のための補助器（支持サーフェイス）や休息具（止まり木）、そして家族や地球とつながるための情報機器（宇宙窓）などが基本的道具や装置・環具として想定された。デザインは、人間の動作や行動を基軸に宇宙で体験されるウキとトメの行動を、水棲生物や飛翔生物の行動パターンやフォルムを手がかりとしながら考察し、微小重力下における人間の動作に対応する機能のカタチのあり方に照準している。

宇宙環境からアフォードされたμG-Movable

地球で使用するすべての家具は、常に重力環境下において、それぞれにふさわしい機能・形態・構造・素材などが決定される。μG-Movableは、宇宙のμg（微小重力）環境において観られる液体の球体化にヒントを得、鳥の生態からイメージし、"止まり木"的家具としてのデザインを試みている。家具は、一般的に人に対して外部として存在し機能するが、提案は家具に潜り包まれるような感じ、つまりインナー家具といえる。造形は、透明な開口部を持つ直径1300 mmの空気膜構造の球体で、内側に人間を受容する空間を有し、それはまさに生命の揺り籠である鳥の巣を思わせる。ヒトはモノと関わることにより緊張と緩和、労働と余暇、自由と拘束という生活リズムにメリハリ（ON-OFF）をつけながら、道具と上手につきあうのである。μG-Movableは、微小重力下におけるPosition（位置・場所・定位・姿勢・構え・集中）のデザインであり、宇宙環境からアフォードされるデザインといえるかもしれない。より良い生命維持のための受容器として宙に浮き、これに人が潜り込む。微小重力下における安息の姿勢は、母体の子宮に浮く胎児の姿勢に近いといわれる。生命が宿る子宮は、人間が抱える小宇宙であり、人間と宇宙が生命観でつながれていることを教えてくれる。いうなれば、ミクロとマクロの宇宙観は、相似相関しながら大いなるマトリクス（母型）を想像させるのである。

尾登誠一

2章　モノでつなぐデザイン

参考資料

32-35 ページ	ユーザーシナリオ：ナイジェル・クロス著、荒木光彦監訳『エンジニアリングデザイン』培風館、2008 年
36-37 ページ	PITACORO　デザイン：渡辺仙一郎、販売：アッシュコンセプト(株)　2009 富山デザインコンペグランプリ
42-43 ページ	山田弘和のヘンカデン　豊田市美術館企画展 2009
44-45 ページ	大倉冨美雄著『デザイン力／デザイン心』美術出版社、2006 年
46-47 ページ	丸ビルトイレプロジェクト((株)三菱地所設計×TOTO 株式会社)壁掛け自動洗面器 LS800　2001 年グッドデザイン賞受賞　デザイン：宮地弘毅・山本秀夫・菊池康雄・橋田規子
48-49 ページ	休憩場所の提案　デザイン・制作：札幌市立大学空間コース　塚本篤志・羽深久夫　アート＆ガーデンスペース'98 滝野：札幌市立高等専門学校紀要、8：60-61.　モバイル椅子　2009 年札幌市立大学と北海道服飾専門学校生コラボレーション　写真レイアウト：中村明子
50-51 ページ	レイズドプランター　デザイン：清水忠男・金澤匠平・湯山博子、製作：(株)中村製作所　JOYFLEX　デザイン：清水忠男、製作：コトブキ　語らいベンチ　デザイン：清水忠男・金澤匠平・岩満恭太ほか、製作：(株)中村製作所、2008 年グッドデザイン賞受賞
52 ページ	写真説明：エアーコンストラクションは直径 1300 mm／μG-Movable／12 個の五角形ユニットと 20 個の六角形ユニットの計 32 モジュールで構成され、プラスチックリベットで連結されている。1 カ所の透明面が出入口である。ウレタン樹脂製で軽量、宇宙では重量は 0 であるが、エアー排気時のコンパクト性に配慮している。LED ライトを内蔵すると、球体のため、エアーロック部が反射して星のように光る。内部は想像以上に暖かい。
52-53 ページ	Bird House プロジェクト　NPO 法人バードハウスプロジェクト主催 1993 年〜　μG-Movable は 8 回目 2006 年出展作品

3章　場をつなぐデザイン

場をつなぐデザイン

はじめに

3章　場をつなぐデザイン

「場をつなぐデザイン」とは、モノがつくり出す空間からインテリア、建築の内外空間、都市環境、田園環境、自然までの広範囲な領域において共通する、それぞれの「場」を連続したものとしてとらえる環境デザインのあり方である。環境デザインの領域は上記のように極めて広く、その広いフィールドで「場」をつくり出す空間のデザインを風土・景色・内外という三つの観点からとらえ、「場」が人、モノ、場（周辺）とどうつながっていくべきなのか、環境デザインのありようを伝える。

ここでは、それぞれの場に共通するデザインとはどのようなものかを示すため、一テーマに対して三人の写真とコメントを挙げている。これはあまりに広い領域を対象とする「場」に共通する考え方を示したいからである。

3-1　風土

第1項の「風土」では、地域固有の風土によってつくり出されてきたもの（場が生み出した空間やモノ）、またつくるべき空間やモノのあり方について考える。風土とは、主にある土地の気候・気象・地形・地質・景色などの総称という概念で使われる用語である。世界遺産となっている白川郷の環境もその場所の風土の中で、それを生かした人の営みがつくり出したものである。その地にあった素材を生かし、それを豪雪地域という場所での造形につくり上げ、またそこにはこの地の風の向きも考慮されている。このような風土を生かした造形はその地に違和感なくおさまる。だが今では近代の科学技術によってどんな場所であっても均質化した建築をつくれるようになった。それが建築でいえば国際様式ともいえるものなのだが、果たしてそれでよかったのか。風土が生み出した造形の意味は重く、場の固有性をどのように環境づくりに生

岐阜県・白川郷の合掌造りの家々がつくり出す、この地の風土を生かした村落の景観

かすかは地域の魅力をつくり出す面でも重要である。この項では風土とデザインはどのような関係にあるのか、また風土を生かしたデザインとはどのようなものなのかを示す。

「風土が生み出すかたち」では風土がつくり出すモノと空間のありよう、地域・場の固有性を生かして生まれるデザインについて述べる。その場所がいかにその地のデザインに影響を与えているのか、またそれぞれの「場所の力」を生かしたデザインはどのようにつくられねばならないのかを示している。

「風土が生み出す生活」では風土がつくり出した生活の実際について述べている。生活のかたちは風土からだけでできたものではないが、その影響は大きい。風土が世界各地の文化を生み出した一要素であるし、またそれが特徴的な地域のデザインとなって今に伝えられている。ここではその地の風土を生かした生活の実際を見てみる。

「場の教え─風土が生み出すデザインの意味」では世界の都市や集落の姿が教える地域固有のかたちと風土の関係、またこれからの風土を生かした計画の方向性について述べている。これからのデザインにおいて、「場所」がいかに重要であるかの視点を示す。

中世の佇まいを残すイタリア・ペルージアの街　　絶対君主がつくり出したベルサイユ宮殿の景色

3-2　景色

この項では人が見ているものについて考察する。「景観」といってしまうと都市環境のみになる誤解もあるため、ここではあえて「景色」としている。日本ではモノである陶磁器の表面に「景色を見る」といった表現があるように、モノにもインテリアにも、もちろん自然の風景にも「景色」がある。本項では見えているもののとらえ方などから、美しい場のつくられ方、つくり方に共通するありようを伝えようとするものである。

場をつなぐデザイン はじめに

3章 場をつなぐデザイン

　「風景と景観」は似た言葉ではあるが、そこには大きな差異があり、それが日本と西欧の景色に対する意味の違いがあるともいわれる。風景は主観的な景色、景観は客観的な景色とされている。また「景観」になるには100年の時間が、「風景」になるには1000年という時間が必要ともいわれる。そのような風景と景観とはどう違うのか、日本と西欧の景色への想いの違い、また空間やモノへの「眼差し」に見られる文化の違いなどについて考える。

　「美しい景色やシーン」ではインテリアから都市環境、田園環境や自然までに及ぶ美しい景色について考察し、そこに共通するものがあるのか、また景色に対する美意識がどのようなところから生まれるのかを示している。自然と人工物、モノと空間、また図と地となる要素、それらのバランス、馴染みなどがどのように影響しているのかを述べている。

　「景色を作り出すデザイン」では"景色になる、ならない"とはどのようなことからきているのか。環境デザインにおいて景色を作り出すとはどのようなことなのかを述べている。そこには、すでにあった風景に何をどうプラスするのがいいのか、対比となる要素、遠くの景色を借りてきて利用する借景の技法、また景色の中に見られるバランス、調和をとることの意味などが述べられている。

自然が作り出した京都・天橋立の景色　　京都・修学院離宮の庭園の景色

3-3　内外

　第3項はそれぞれの場と自分との間に生まれる内外の感覚についての考察である。内と外とは空間を対比的に見る概念だが、それをより細かく設定することもできる。そのことによって、空間はより細かく、より奥深いものにすることができる。本項は、内と外の間に存在する空間がいかに環境を奥深いものにするのか、また内外を作り出すものにはどのようなものがあるのか、見えないけれど内外を作り出す要素もあるこ

はじめに

となども示す。スケールを越えてフラクタルに展開する「内と外」の姿の実状を伝える。

「中間領域」では、われわれの空間が大きくはモノ、ベッド、テーブル、部屋、廊下、建築、庭、街路、都市、自然とつながっていくように、それぞれのあいだにある空間について考える。昔の日本住宅では縁側や軒先があって、それが日本独自の居心地のいい場所をつくっていた。このような内と外をつなぐところのデザインに環境デザインの本質があるように思う。ここではちょっとした工夫で区別されていた領域はつながり、内外が相俟って魅力を持った空間にできる事例を採り上げている。

「内外を作り出す要素」では内外を作り出している空間やモノなどの要素とは何なのか、またそこでの仕掛けによってどのようなことが起こるのかを述べている。

秋田県角館・青柳家の縁先空間　　京都・詩仙堂の内外一体となった空間

「気配、雰囲気、余地」では実際には見えていない、物理的な要素だけではない、音や雰囲気、気配なども内外を作り出すものであること、つなげる重要な感覚的な要素があることを述べている。そのような体感できるすべてのものによって、内外空間は実感されるからである。

この章の各事例は様々な領域からのものになるが、それが環境デザインの実際の領域である。そのような広い領域に共通する美意識があるのか、それを焙り出そうというのがこの章のねらいでもある。

清水泰博・長谷高史

3章 場をつなぐデザイン

風土

風土が生み出す「かたち」

1：旧太田川の楠木大雁木／2：京橋川の雁木

3：セテニールのクエバス内部／4：クエバス通り／5：台地上から見る市街。対岸台地の下部にクエバスが連なっている

6：この地の地形(風土)となった御母衣ダムに「向かい、呼応する」よう設計された御母衣ダムサイドパークの建築

3-1　風土…風土が生み出す「かたち」

「雁木」がつなぐこと

　広島市には6本の幅広い豊かな川がある。そこには"雁木"が新旧含めて約400ある。"雁木"とは、生活物資を運ぶ船の船着場として利用されていた川の護岸にある階段のことである。干満差が4m以上ある広島の水面に段差は対応する。広島は古くから「水の都」といわれ、デルタに住む市民の4割弱が川・海の水辺から250m以内の範囲に居住し豊かな水の恩恵を享受している。雁木に座り水の流れに見入ると時の流れを忘れる。潮が満ちるにつれて雁木に当たる水音に時のたつことを思い出させられる。陸と川の狭間にある雁木は現実から自分の世界へトランスできる場でもある。小さな雁木では読書をする人や語らう2人の姿が見られ、大きな雁木はコンサートや雁木タクシーの発着場となって、親水性のある水景を作り出している。

アンダルシアの洞穴住居

　スペイン南部、アンダルシア地方には未だに多くの洞穴住居（クエバス）があり、住み続けられている。人工的に掘られたものが多いが、写真は天然の横穴利用クエバスである。コルドバ県中央を流れるグアダルキビール川支流に見られるが、シエラ・ネバダ山脈の裾を流れる激流が何万年もの間に固い岩盤を削り続けた造形なのだ。現在は上流に大きなダム湖があるため洪水の心配はなく、人々は今もそのクエバスに住み続けている。アンダルシアはフライパンの異名を持つ夏の暑さで知られ、それを凌ぐのに最適なのである。石灰で白く塗られているのは、美しさに加え衛生上も優れているからだが、岩盤の凹凸は敢えて平らにせず、そのまま天井や棚に好んで利用している。それが、何万年にも渡るこの土地の造形への礼儀なのであろう。

場所で考えること

　合掌造りの集落で有名な白川村の御母衣ダム前の建築およびランドスケープの計画は、眼前にある御母衣ダムに呼応する造形としてつくられた。ダムは人がつくったものではあるが、すでに今では周りの自然環境と相俟って風土といえるものになっている。この地の風土（地形および景色）に対して新たに何をつくるべきかの回答は、ダムに対峙し、この場所に今ある以上の緊張感のある空間をつくることができないかとの思いがこのようなかたちとなった。この場所の地霊（ゲニウス・ロキ）とでもいうべきものに沿ったものであるが、ここでは白川村＝合掌造りというステレオタイプ化したイメージがすべてではないことを示したものでもある。場所はあくまでその場自体であり、一部の言葉にされたイメージを地域全体に当てはめるとおかしなものになりがちなためである。

上：平田圭子／中：黒川威人／下：清水泰博

3章　場をつなぐデザイン

風土
風土が生み出す「生活」

1：二階井戸の2階／2：二階井戸の1階

3：間垣に囲まれた集落／4：集落内部からの眺め

5：乾燥地の陸屋根住居とテント［エジプト］／6：水上マーケット［バンコク］

「二階井戸」

　尾道（広島県）は大きく山の斜面地と海の埋立地に分けられる。斜面地での生活は水の確保が特に大切である。今でも尾道市街地では約 130 もの井戸が残されている。名水が湧き出て今も使われているものや、石工の技が見られる井戸もある。この二階井戸は斜面地だからこそのものである。一つの井戸を一階と二階と両方で使うことができる。二階から一階をのぞき込み、一階で水を汲みに来ている人へ挨拶をし、気遣いをし、縦空間の交流を育ててきた。つるべを下ろす音は長く、引き上げる水はこぼれないように慎重を期した。生活を支えてきた井戸は、今では観光資源として遠来から来た人に尾道の斜面地での生活景をかいま見せ、その当時へ思いを馳せさせる。

風土がつくる文化的景観

　能登半島の日本海沿岸に展開する能登外浦地域にある「上大沢」は竹を組んでつくる「間垣（まがき）」を周囲に巡らせた美しい集落である。間垣は冬の日本海から吹いてくる厳しい季節風からその内側の家々や路地と人々の生活を守る。夏には快適な浜風を入れるため、わずかな風を通すための適度な隙間がある。地区周辺には直径 15 mm 程度のしなりやすい「ニガタケ」の自生地があり、安定供給のため共同で管理をし、垣根が傷めば補修して維持してきた。20 世帯が暮らす集落は一度火災が起これば一瞬にして灰燼に帰する危険をはらむ。密集し、周囲に竹垣を巡らして住むことは冬の厳しい強風を防ぐ最善の方策だが、竹は火に弱い。間垣は防災意識を起点に共同体意識を強める風土的装置である。

乾燥地と湿潤地の生活

　地球の陸地には大別して乾燥地と湿潤地があり、それぞれの気候風土に対応し人類は様々な生活様式と住居を造り出してきた。人類は旧石器時代から洞窟住居に住んできたが農耕の発達により平坦地に住まいを造った。乾燥地では昼は暑く夜は寒い気候で洞窟住居の発展した陸屋根式住居（降雨量が少ないので平坦な屋根、日干しレンガなどの厚い壁で外気を遮断、室内は土足で椅子とベッドの生活）に住み、麦・パンなどを主食とすることが多く家畜を飼う人々は牧草地を移動するためにテント式住居となった。湿潤地は降雨量が多く湿度が高く樹木が生い茂る風土で、お米や多種類の農産物に恵まれ人口も多く、住いは高床式（雨が多く傾斜屋根、蒸し暑さを軽減するために風通しを計り壁面は少ない、室内には土足を脱ぎ床に座る生活）住居である。

上：平田圭子／中：坂本英之／下：中嶋猛夫

3章 場をつなぐデザイン

風土

「場」の教え―風土が生み出すデザインの意味

1、2、3：傾斜地の細街路（左・中・右）

4：北海道庁旧庁舎（朝日を浴びるファサードの様子）／5：北海道庁旧庁舎（穏やかな午後）

6、7、8：防風石垣に守られていた民家

3-1　風土…「場」の教え─風土が生み出すデザインの意味

斜面地の細街路
　尾道(広島県)の山の斜面地に、"別荘"と呼ばれていた大正時代に商いで成功した人々の豊かな庭を持つ住居があった。今でも斜面地にいくつか残され、それによって上下を囲まれた横の細街路がある。買い物などの生活動線は山の斜面地から海の埋立地にある商店街に向けての縦の細街路であるが、住民どうしの交流や斜面地にある住居と学校・菩提寺などをつなぐのは横の細街路である。それは等高線に沿い、"別荘"の名残の庭から溢れた草花が細街路を囲む塀や法面を覆う。やっと1人が通れるだけのヒューマンスケールの空間は、日だまりをため込み、土の匂いと湿り気、空間の肌触りを感じさせ、曲がった見えない先への期待感を人に味わせてくれる。横の細街路は、歩く人の体感を通して、時の積み重ねによるその場の豊かさを教えてくれる。

ファサードはどちらを向いている
　多くの観光客が訪れる旧北海道庁舎「赤レンガ」はそれまでの規範のように「天子南面」しておらず、東面している。開拓当時はその先に対称な町割り、ブドウ、ホップ園や多くの開拓地が太平洋へと続いていた。札幌は南に山地・丘陵地、北に扇状地・低地が広がり、四神相応の中国的な都市モデルとは異なる開拓の街並みを有する。東面するネオゴシックのファサードは朝日に凛々しく、夕陽に厳然と浮かび上がる。札幌は「アジアのヨーロッパ」と呼ばれるように、「赤レンガ」庁舎(1888年竣工)も西洋古典様式の石造を木造に置き換え建てられた。デザインによって建物の窓の大きさや平面構成要素は異なり、土地の色を呈すレンガも様々であるが、ファサードを太陽の運行に従いみていると、表情の移り変わりとともにその建物がその場にある存在理由がわかってくるような気になる。

パリンプセスト―重ね描き
　瀬戸内は比較的温暖な気候であるが、それでも冬には北西から季節風が吹く。香川県高松市の沖合い4キロに浮かぶ女木島(めぎじま)では、その特異な地形が季節風の巻き返しを起こし、「おろし」と呼ばれる局所的な暴風となって集落を襲う。屋根に達するほどの石積みの防風壁「オオテ」は他の島々では見られない女木島固有の景観である。愛知県立芸術大学が瀬戸内国際芸術祭2010に出品したMEGIHOUSEは、「オオテ」を持つ民家を改修したものである。「オオテ」は残し、母屋以外の家屋は解体して、新たな湾曲した自立壁を創った。囲まれてできた空間には母屋の床を延長して巨大な縁側を置いた。風土が育んだ遺伝子を消し去ることなく、新たな遺伝子を重ね書き(パリンプセスト)することで、獲得できる豊かさというものがあると思う。

上：平田圭子／中：吉田惠介／下：水津　功

3章　場をつなぐデザイン

景色　風景と景観

1：集落景観：サヴォア［フランス］／2：農村景観：富良野［北海道］

3：箱根プリンスホテルアネックス全景／4：既存の樹林と傾斜地を残した園路

5：能登半島内浦の神社風景［石川県穴水町　鹿島神社］

3-2 景色…風景と景観

景観認識の二面性

　景観とは、自然の推移と人間の生活・生産の営みが形成する事象の総合的見え方である。見る側の価値観により、眼前の景観への眼差しと評価のありようは異なる。景観認識には二面性があり、旅行者や観光客など外部の視点と地域住民など内部の視点でとらえる場合で、同じ人でも立場が違えば景観への評価が異なってくる。環境デザインでは、この二つの視点で景観を把握することが重要である。フランスの地理学者オギュスタン・ベルクは、風景は文化的アイデンティティの指標であり保証であると述べたが、地域の自然・風土と生活・生産の営みが反映された景観には、その背後に地域の生活文化とコミュニティの健在が確認できる。風景に凝縮された地域らしさの存在が、ふるさとへの帰属意識を育む。都市や農村の切磋琢磨され使い込まれた日々の景観は、歳月を経て風景へと昇華される。

国立公園内の風景と景観づくり

　近年、国立公園では自然保護、景観保全の考えが強くなり様々な法律、条例などによって開発規制されている。緑に被われた美しい山並みの芦ノ湖畔に箱根プリンスホテル別館を建設した際も「既存の風景にマッチした景観づくり」を求められた。大規模な建築や高層棟などは造らず極力既存の傾斜地形と樹木を残して平屋（エントランス棟、レストラン棟など）と二階建ての宿泊棟を分離して建て、廊下でつないだプランとなった。下段の宿泊棟の屋根は屋上庭園とし上段棟からの見晴らし景観を確保しつつ園遊性を図り、建物基礎部の残土を盛って小山を造成し、舗装は透水性、フェンスは造らず生け垣植栽にしている。景観づくりに使用した景石は敷地内の石を使い、植物はホテルの広大な敷地内のものを移植し、自然生態系にも配慮した景観づくりを行った。

神の依代（よりしろ）が作る原風景

　これは能登半島の内浦に見られる、素朴な神社である。この社叢の向こうに広がるのは富山湾であり、昔からの好漁場である。漁師たちはここに参拝し漁の安全と豊漁を祈るとともに、沖からは自分たちが帰るべき港のランドマークとしているのだ。
　こうした景観は能登半島内浦にはいくつも見られるが、いずれも海べりの汀に近い場所にあり、小高い崎森山の形状を呈している。その起源だが、大岩など、わずかに突出した微地形であったように思われる。大波にもさらわれず、厳然とそこにあり続ける姿に、人々は神の依代（よりしろ）を見たのであろう。残したい日本の原風景である。なお、2007年の能登半島地震により石の鳥居は倒壊したが、その後、地元出身の篤志家の寄進によって復元されたことを付言しておきたい。

上：中井和子／中：中嶋猛夫／下：黒川威人

3章　場をつなぐデザイン

景色　美しい景色やシーン

1：緑道：札幌［北海道］／2：フットパス：厚床（あっとこ）［北海道］／3：歩行者空間：アヌシー［フランス］

4：通路を抜けると目に飛び込む緑／5：大きく庭に開かれた個室／6：玄関からダイニングを望む

7：手取川源流域の眺め［石川県白山市尾口地区］／8、9：白山市桑島地区

3-2　景色…美しい景色やシーン

歩く速度が文化を育む

　景観を構造的にとらえると、遠景・中景・近景の奥行きを持って確認できる。遠景の山並みや海、ランドマークの橋梁や塔、中景の市街地や田園地帯、近景の街並みや商店街など、総合的に把握することで地域らしい景観の存在に気づく。景観は見る対象と見る側（主体）との関係で認識され、見る側が動けば視点場も移動し、眼前の景色やシーンの連続的変化が、シークエンス景観として認識できる。イギリスのフットパス（歩く道）のように、自然や田園の美しい風景や歴史・文化の趣きある街や村を歩くことが喜びとなる。都市や農村の美しい景色やシーンの存在に気づく人々が増えれば、身近な景観形成への住民意識が高まり向上する。地域の景観資源を保全し活かす暮らしの文化を育むことは、魅力ある美しい地域景観の持続につながる。

印象を鮮やかにする「視界の制御」

　広い庭園の中に建つ、一軒家のイタリアンレストラン。エントランスから、細い洞窟のような通路越しにダイニングを望むと、テラスの向こうに光る木々の緑。さらに奥に設えた個室では、一面に広がる庭園の景色。視界を閉じ、そして開く。この手法は日本古来の作庭や建築作法にも通じる。植木や屏風、屈曲した渡り廊下、現れては消える坪庭、そして最奥には壮麗な襖絵や庭。閉じて開く、転換の鮮やかさが景色を一層鮮やかに感じさせる。日本の風土、光、草木、雨、月夜…季節の移ろいの繊細な変化と豊かさを感じ、愉しむ。その感性を現代に活かした、旬の食材を大切に扱う場のありようとしての景色である。（2010年に一部改装）

日本美術の源流

　写真は石川・福井・岐阜の三県にまたがる霊峰白山を源流とする手取川の雪景色である。日本の本州以南では、厳冬であっても人里や都市部の川が凍ることはない。湿気を含んだ重い雪が数メートルも積もる世界的な豪雪地帯である白山麓でさえ、川は1年を通して流れており、雪原の中を川がゆったりと流れる美しい風景が見られるのである。庭づくりを好んだ平安貴族たちは、その美しさを曲水（きょくすい）として取り込み愛でたが、弥生時代前・中期の土器や銅鐸にすでに流水文が見られるように、日本人はその遥か以前からこうした風景を愛し、様々な美術・工芸の題材に取り入れてきたのである。流水文は、やがて大和絵のモチーフとして定着し今日に至っているが、雪原の流水は日本美術の源流の一つとも言い得よう。

上：中井和子／中：丹藤　翠／下：黒川威人

3章 場をつなぐデザイン

景色

景色を作り出すデザイン

1：市場：リヨン［フランス］／2：街の広場・図と地のデザイン：ブルージュ［ベルギー］

3、4：七色ガラスタワー［石川県七尾市］

5：国営アルプスあづみの公園［長野県安曇野市］／6：休憩施設

3-2　景色…景色を作り出すデザイン

デザインの公共性と私有性
　環境デザインでは公共性と私有性の使い分けが重要である。街並み景観に秩序を与え公共的視点で考えるデザインか、個性や話題性を表現するデザインか、である。都市空間には種々の景観構成要素が存在するが、場を占有する対象物の面積の大小と存在時間の長さへの配慮は重要で、土木施設や建築物などには一時の流行や話題性を狙ったデザインではなく、長期的存在に耐え得る用・強・美の審美性が要求される。一方、店舗ファサードやショーウインドウ、キオスクや市場など短期間で変化する要素には、流行色や個性ある表現、季節の花々や祭事などの賑わいと変化あるデザイン演出が、まちづくり文化の創出へとつながる。都市景観の背景となる建築・土木などの形成と、街並景観に生活の潤いと活気を演出するバランスある相互関係が、環境デザインには要求される。

新旧の場をつなぐ軸線
　七色ガラスタワーは、七尾港(石川県)が日本最初の国際港の一つとして開港してから100周年を迎えるのを記念して建設されたものだ。敷地はモニュメントに先立って埋め立て造成され、オープン時に能登マリンパークと命名されたが、様々なイベントの他、観光客や市民の憩いの場となっている。アプローチの軸線はモニュメントを突き抜けると海上、湾の出口を示す灯台に至り、海の方向から視線をたどれば、かつて七尾の国の印璽を預かっていたという由緒ある神社の社叢を望む。水平線が支配的な海浜にあって、垂直なモニュメントは新しい景観を主導しているが、長いアプローチは新旧のランドマークを結ぶとともに新たな役割を担っている。すなわち七尾の港から世界に夢を馳せる参道としてであり、かつ、故郷の歴史を振り返る思索の道としてである。

景観を創る
　景観は自然景観と人工景観とに分類されるとあるが、目に入る景観は分類できるものではなく、するものでもない。国営アルプスあづみの公園でのデザインの視点は場所の持つ魅力の再発見と再構成による景観創造である。人々の暮らしを成り立たせる自然環境と営みから創られる様々な造形が場所性を独自のものへと導く。四季の変化からくる彩りや形の妙味などはモチーフとして魅力的なものとなる。安曇野に広がる四季折々の田園風景、豊かな住空間、道路際に点在する道祖神や街路樹などの点景の中から、より場所性が顕著と見られる風景を抽出、再構成してデザインしたものである。この公園は創られた景色ではあるが、遠景の安曇野風景と調和し、来訪者には原風景としてとらえていただけている。このことから、この手法も創り方の一つであることがわかる。

上：中井和子／中：黒川威人／下：長谷高史

3章　場をつなぐデザイン

内外　中間領域

1：閉められている日除け／2：開けられている日除け

3：二つの部屋のあいだに入れられた中間領域（サンルーム）／4：中間領域としての現代の縁側

5：1996年・囲いだらけ／6：2002年・街とつながった

3-3　内外…中間領域

結界を作り出す中間領域
　宮島(広島県)の参道では、白い日除けが夏の厳しい日差しや梅雨の雨降りから厳島神社へ参る人々を守る。約 340 メートルの参道には、飲食店や土産物屋、宿など約 70 店が連なる。日除けは向かい合う店の壁に固定され、渡されたワイヤーにより張られる。季節や天気によって全体的に、または部分的に張られ方が変わる。共有される日除けによって店主らも連帯意識を持つ。各店は参道に向けて戸を外して店内を開放し、向かい合う店の内と外をおぼろげながらもつなぎ、一体感を醸し出す。夕方になり日除けをたたむと、今まで神社へのトンネルのようだった参道空間が上空へと開放され空気が浄化される。日除けの白は"無"や"善"、"穢れがない"などの意味を持つ。参道の日除けは聖域と俗域との中間領域を作り出し、そこを通る人々は知らないうちに結界を渡るのである。

内に外を組み込む
　現代都市においては内としての建築と外としての庭を共存させてつくり、その間に中間領域といえる空間をつくることも容易ではなくなってしまった。左の住宅はほぼ敷地いっぱいに建築されており、そのため内部空間に縁側のような「外」をサンルームのように入れている。住宅内の内部空間に外の雰囲気を組み込むことによって中間領域が生まれ、それは住居内での生活を活性化することが期待されるからである。古くから見られた日本の住宅においてはそのような中間領域といえる縁側のような場所をつくり、そこが家の中で大きな魅力をつくり出してきた。現代においても、そのような空間は日々の生活において重要だと思われる。またここでは外の空間である庭も、小さくではあるが室内から見る屋上庭園として坪庭のような形でつくられている。

「公園」から「公苑」へ
　ディズニーリゾートの隣町・市川市行徳。高度成長期の埋立地が多くを占めるこの地域は計画的に児童公園が設置され、排水路の名残で暗渠の蓋掛歩道が多いのが特徴。写真左は 1996 年。右は 2002 年の同じ場所。設置後 40 年を経て、錆びた鉄柵や鬱蒼とした樹木で閉ざされ囲われた公「園」から、囲いのない開かれた公「苑」への変化は、住民グループの提案によるもの。公苑と連続させた蓋掛歩道は、歩きやすいゴム系の舗装を施し、複数の「囲いを外した公苑」をつなぐ周回路が造られた。少子高齢化の現在、子どもの飛出し防止柵で囲って公園と街とを断絶するのではなく、境界があいまいな公苑＝「街の通り庭」にすることで、多くの人が歩き、時には休み、くつろぎ、目が届きやすく安全で、より美しい風景になった。市の「修景」事業として行われた事例である。

上：平田圭子／中：清水泰博／下：丹藤　翠

3章　場をつなぐデザイン

内外
内外を作り出す要素

1、2：公私の内外を作り出す門戸

3、4：金沢最古の茶室の灑雪亭（さいせつてい）（玉泉園内）の露地は裏千家始祖である仙叟宗室（せんそうそうしつ）の指導による

5：図書館・玄関から見た「アートプラザ」／6：「アートプラザ」内から図書館玄関を臨む開口

3-3 内外…内外を作り出す要素

透視度の高い内外を作り出す装置
　戦災に遭わなかった尾道には多くの古い住居が存在している。山の斜面地では歴史がある寺を取り囲むように住居が建ち並ぶ。海の埋立地にある商店街から、斜面地にある寺の参道でもある縦の細街路を登り、そこから枝分かれしたような横の細街路を通って住居にたどり着く。横の細街路から住居の玄関まで、その途中にある一枚の透視度の高い住居の門戸が公私の内外を作り出す。透視度が高い門戸のゆえか、参道と完全に切り離さず神社の聖域とのつながりを住居の敷地内に導いている。参道を歩く観光客からも透視度の高い門戸は柔らかく距離を保つ。なんとなく住居の敷地の内外を隔て・つなぐ門戸は、住居の敷地を尾道の斜面地全体への一体感へとつないでいく。

茶室の結界
　茶道では、釜のたぎる音（松籟（しょうらい））、茶杓（ちゃしゃく）で茶碗を打つ音、水指から釜や茶碗に水を注ぐ音（三音と呼ばれる）などを重んじる。これらの音が際立つような静けさが求められている。茶室は市中にあって山中の趣を演出する舞台装置である。多重の結界を設けてそこを人里離れた山中と見立てている。そのため、待合から茶室に至る露地（ろじ）は、日常を心理的にも物理的にも遮断する結界となる。灑雪亭（さいせつてい）の茶庭（ちゃにわ）は、茶室に至るまでに庭園内を回遊せざるを得ず、直前にはかなり急な斜面もある。また、茶室は池のほとりにある。汀（みぎわ）に注ぐ落水の音が穏やかに室内まで届く。障子は遮音性能の低い紙だけで空間を仕切るため、音は室内に容易に入り込む。その音は周囲の音をマスキングする効果を有するため、視覚だけでなく聴覚的にも日常を途絶するのである。

内の「内」をつくる
　左の写真は大学図書館下につくられた東京藝大のショップの図書館側に突き出した部分である。図書館エントランス側からはショップに入れるわけではないので壁にしてもいいのだが、設計に際して中を見通せるようにすることで両方に不思議なつながりが生まれるように思った。図書館側からガラス越しにショップを見るときは、内に居ながらさらに内にある別次元の場を垣間見るような感覚が、また右の写真のショップ内からは逆に段階的に外に抜けていくかのような感覚が得られる。これは一例だが、内と外の関係をいかにデザインするか、いかにつなげていくかを考えることが環境デザインの大きな部分のように思っている。「つなぐ」部分のデザインによって空間はその奥行き感を増していけるように思うからである。

上：平田圭子／中：土田義郎／下：清水泰博

3章 場をつなぐデザイン

内外

気配、雰囲気、余地

1:大徳寺高桐院のアプローチ：緑の中を歩く／2:建物玄関に至る

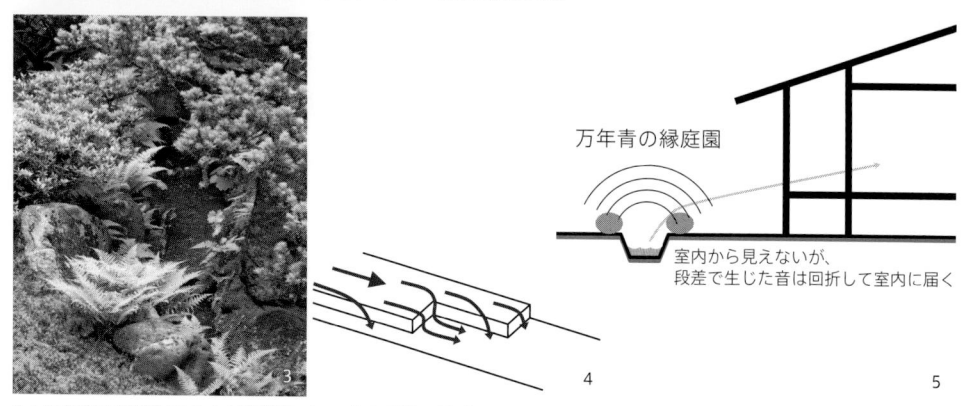

3:万年青の縁庭園の曲水(成巽閣)／4:曲水段差の模式図／5:万年青の縁庭園の断面

6:水琴窟の構造図／7:退蔵院(京都妙心寺塔頭)余香苑の蹲踞と水琴窟

内と外のあいだにあるもの―大徳寺高桐院アプローチのシークエンス

　外である公の領域と私的な内(家)の領域のあいだに、それらとはまた少し違った雰囲気の場を設けることによって、内である家は不思議な存在になることがある。ここで紹介するような例は禅寺に多いのだが、写真の大徳寺高桐院のアプローチは門を入っていきなり緑に囲まれた中の石敷の道を歩くことになる。さらに道は何度も屈曲するため、次第に方向感覚も曖昧になり、方角もわからなくなる。そのせいで、訪れる家(寺院)はあたかも山間にあるかのような感覚を抱いてしまう(市中の山居)。このアプローチの場所は人のつくったものであって自然そのものではないのだが、我々はそのアプローチに自然のエッセンスを感じてしまうようだ。このように内と外のあいだにあるものの演出の仕方によって、内である空間は様々な見え方をしてくる。

眠りを誘う庭

　人は眠るとき、どのような環境を望んでいるのだろうか。うるさいのも困るが、完全な無音というのも落ち着かない。安心できる気配の中で休みたいのではないだろうか。

　兼六園(金沢市)の一角にある成巽閣(せいそんかく)[※1]は、前田斉泰が母親のために工夫を凝らして造らせた御殿である。御寝所(おもと)は「万年青の縁庭園」に面しているので、眠りを誘うよう水音を立てる曲水(きょくすい)がつくられた。それは室内からは見えない位置にあり、また穏やかな音を作り出すため複雑に流れ落ちる構造になっている。一方、「つくしの縁庭園」は居間に面し、兼六園の木々に集う鳥のさえずりが聞こえるよう、音の生じない曲水にされた。安らげる室内環境を、庭という外部を緩やかに内部と結ぶことで実現している。西洋の組石造によって成り立ってきた空間とは異なる発想がそこには見られる。

静謐な空間の仕掛け

　心の静まる空間がある。露地(ろじ)(茶庭(ちゃにわ))などにしつらえられる蹲踞(つくばい)は、茶室に入る前の清めの手水鉢(ちょうずばち)であり、茶事空間に対する結界の役割を担う。これに、音を発生する仕掛けとして水琴窟が組み込まれることがある。近代以降は忘れられていた技術であるが、近年多く復元されている。水の滴る音が甕の中に反響し、きーん、きーんと澄んだ音を響かせる。それは、静かに耳を澄まさないと聞こえないほどの仄かな音である。寺院の鐘のような大きな音の場合は、自ずとその音を聞いてしまう。水琴窟のような音がもたらす効果とは大きく異なる。音によって人の意識を支配するかのような効果がある。水琴窟は小さな音であるため、主体的に音に注意を向ける必要がある。物理的な静けさではなく、「心の静けさ」までも実現する、手の込んだ装置である。

上：清水泰博／中・下：土田義郎

3章　場をつなぐデザイン

参考資料

60ページ下	御母衣ダムサイドパークの建築　デザイン・設計：清水泰博＋SESTA DESIGN、開発設計コンサルタント
66ページ中	箱根プリンスホテルアネックス　環境設計：中嶋猛夫、建築設計：清家　清＋デザインシステム
68ページ中	店舗インテリア　デザイン：(株)イリア　「和楽」2002年8月号掲載
70ページ中	七色ガラスタワー　デザイン：黒川威人、2001年度日本デザイン学会作品賞受賞
70ページ下	国営アルプスあづみの公園　設計：(株)東京ランドスケープ研究所、ファニチャー基本デザイン：Foris Design (代表：長谷高史)
72ページ中	個人宅　デザイン・設計：清水泰博＋SESTA DESIGN、撮影：平井広行
72ページ下	市川市東場公園と「ふれあい周回路」　提案：「行徳まちづくりの会」(代表：丹藤　翠) 2008年第一回市川市景観賞受賞
74ページ下	藝大アートプラザ　デザイン・設計：清水泰博＋東京藝術大学施設課

出典

76ページ	※1　成巽閣の庭園に関する記述：土田義郎著「サウンドスケープ」(日本建築学会編『都市・建築の感性デザイン工学』　第7章　[pp.46-51]、朝倉書店、2008年)

4章　時をつなぐデザイン

4章　時をつなぐデザイン

はじめに

「時をつなぐデザイン」は、単に時間軸でつながるということではなく、歴史、時代、文化、世代、季節、うつろい等々の流れと、"人""モノ""場""コト"がつながることによって、"時"を創造する環境デザインとなることである。

人は1秒、1分、1時間、1日、1年という時間の流れの中で生きていると感じている。その感じ方は、"人"個人が感じるものであるが、他者やモノとの関係、場を設定するなど、"人""モノ""場""コト"とつながることによって、幾重にも多様にも、長くも短くもなる造形的な可能性を持っている。造形的な意味での"時"の環境デザインは、"感じる"という感覚の上に成立するものである。

"時"のデザイン

例えば、"時"の感じ方の一つである"懐かしさ"は、必ずしも記憶の中の対象物そのものに対してのみ持つ感情というわけではない。対象物のある要素、色や香り、音などが類似することで懐かしさを感じることもあり、また山間の寒村集落や田園風景など、直接的な体験がない要素であっても懐かしさを感じることもある。対象物そのものでなくても感じる"懐かしさ"、このことは"モノ""場""コト"の造形的要素の中に"時"につながる要素が内在していることであり、"時"をデザインすることが可能となる。過去から継承されてきた文化や街並み、人の思いのある風景やモノなどを、今という時代の中で生きるようにデザインすること、歴史的街並みの再開発事業や建築のリフォームなど、その対象や方法は様々であるが、ここでも"時"のデザインが活かされている。

また、時を"感じる"ことは過去の記憶があり、現在を感じ、未来に希望を抱くということでもある。「リ・デザイン」[※1]のように、今の位置から、歩んできた時を振り返り、これからの未来を思い、今を考える。未来というその多くの選択肢を持つ"時"を、"モノ""場""コト"の中でデザインすることも、「時をつなぐデザイン」といえる。

本章では、「時をつなぐ」環境デザインを「継承」「季節」「時間」の三つの観点から述べるが、それらは、"時"という要素を含んでいるが、同じ意味で用いられている"時"ではない。創造・活動としての"時"、様子・様相を表す"時"、そして、時間軸としての"時"である。

環境デザインの要素としての"時"は、造形デザイン領域において明文化され始めたところであり、これからの可能性を持っている一要素である。

4-1　継承

環境デザインにおける"継承"は、単に継続して同じことを繰り返すということで

はじめに

はなく、その時代や感性、新しい技術や仕組み、またそこに生きる人々とのつながりの上に成り立つ創造・造形活動である。小豆島・肥土山農村歌舞伎は、場としての舞台、演者である村人、衣装や面などのモノ、そして祭りとしてのコトが、300年以上の歴史を持って受け継がれており、近年、瀬戸内芸術祭でも公演された。近代化や地域の過疎化が進む中、新たな芸術との出会いが、新たな継承の可能性を示している。

小豆島・肥土山農村歌舞伎の舞台(中央建物)、客席(手前斜面広場)

「伝統を受け継ぐ」：伝統は、本質的にはそのままを伝え受け継ぐことであるが、時代や生活環境の変化によりそれが難しくなっている現状も多くある。地域の伝統・技術・芸術など、その受け継ぎ方が再検討されている。環境デザインは、地域や人、新しいモノやコトを導入することによって、継承するための新しい仕組みづくりをデザインする。ここでは地域芸能を継承する仕組みを、その周辺地域から考えた事例を紹介する。

「世代をつなぐ」："継承"していくためには、先人から後の世代へと世代をつないでいく必要がある。それは伝統的なものに限ったことではなく、時代などの差異を超越して世代を(人を)つなぐ方法が必要である。ここではアートを題材として、世代をつなぐ方法をデザインしている。

「型・ありよう」：極められたものを継承していく仕組みとして、日本の伝統的デザイン手法には"盗み"[※2]＝真似をするという手法がある。街並みとしての統一感と個々の家の個性という、相反するように思える要素を適切な形で融合させたデザイン手法である。ここでは、個々の家々の人・モノと向き合いながら、町としての個性を発揮するデザインの事例を紹介する。

4章　時をつなぐデザイン

4-2　季節

　本項での"季節"は、単に暦や気候といった意味ではなく、日本において特徴的といわれる四季に代表される、ゆらぎやファジィな状態、情緒的な時間のように、時間軸が単純に一定で均質なベクトルでないことを表現した言葉として用いている。写真は毎年多くの人で賑わう東京・上野恩賜公園の花見の様子である。桜の開花時期は気温の累積によって予測されるが、毎年同じ時期に咲くわけではなく一週間以上ずれ込むこともある。花のない花見会や、時に桜の時期に雪が降ることもあり、その景色は一興あるものである。時が均質でないことによって作り出された造形性を、環境デザインに見ることができる。

上野恩賜公園の花見の様子

　「四季をつなぐ」：一年（あるいはそれ以上）を通して変化していく仕組みやデザインがある。四季を意識したデザインは、近代文明以降、失われつつある要素であるが、伝統的庭園においては際立った存在感を持っている。ここでは、日本の四季の暮らしの中で見られる環境デザインについて述べる。

　「うつろいのデザイン」：緩やかに変わっていく、あるいは予測が難しい"ゆらぎ"のデザイン（意図的という意味ではフレキシブルなデザイン）がある。予測が難しいものを予測しデザインすることは、その背景となる文化を読み、かつ答えや選択肢を複数用意することが必要であり、それによって"ゆらぎ"の持つ余裕と快適性を保つことが可能となる。ここでは、新しく建設された集合住宅の中庭にそのデザインを見る。

　「実りを上げる」：「実り」は、自然や農作物の実りであり、建築物・製品・人工物などにおいても、努力したよい結果＝成果のことである。モノや場、コトの成果を上げるためには、その過程も重要である。ここでは、20年という節を継承している街において整備された、景観デザインの方針と考え方について述べる。

4-3　時間

　"継承"や"季節"に対し、1秒、1分、1時間、1日、1年という一定均質なベクトル

時をつなぐデザイン　はじめに

はじめに

である"時間"の経過を意識した環境デザインがある。写真は、東京臨海部にあるお台場海浜公園であるが、上の写真は整備前の防波堤が見えた状態のものであり、下の写真はそれから10年、植栽が成長し緑の帯となったものである。植物を用いたデザインにおいては、竣工時から年月を経てより良好な場となることが多くある。また、共に育ち暮らす中で人の思いが込められた樹木を、安全や維持管理のために移植や伐採をしなければならないこともある。しかし、それを復元するのもまたデザインの力である。その場で育まれたのと同じ年月をかけて、新しい思いを創出する可能性を持っている。

お台場海浜公園 施工前（上の写真）と整備後10年目（下の写真）

「暮らしのデザイン」：暮らしは時間軸の上で粛々と進んでいくその過程である。建築物で言われる耐用年数という考え方は、年月とともに後退していくという考え方であるが、その一方で家は、人が住み始めて、いかに快適にかつ時間の経過を有効に積み重ねることができるか、そこに時のデザインが求められる。ここでは、人が住まう・住み続けるデザインについて述べる。

「ハレとケのデザイン」：ハレとケは、公的と私的のように場を区別する場合や、祭りのように場をモノ（装置）によって変える場合に用いられる言葉である。日常と非日常、平常時と非常時、ここでは、災害という状況の変化によって、その前と後では全く変わってしまう状況をつなぐ、そのようなデザインの可能性を述べる。

「営みのデザイン」：営みは、ある目的をもって時間を使い何かを生み出していく過程であり、デザインという創造活動自体も含まれている。何かを行う行為やその過程を、想定してデザインする。ここでは、宇宙空間における営みを想定しデザインした事例について述べる。

平松早苗・長谷高史

4章　時をつなぐデザイン

継承
伝統を受け継ぐ

1：黒川能／王祇祭（当屋）［山形県鶴岡市］／2：黒森歌舞伎［山形県酒田市］／3：山あげ祭［栃木県那須烏山市］

芸能による地域アイデンティティ

人は自分が生まれ育った地域に特別な思い入れを持つ。誇れる独自の文化の保有は、その地域を大切にし、環境にとってプラスに作用する。とりわけ、その土地に伝わる地域芸能は注目に値する。環境デザインからみて地域芸能を持つことの魅力は二つある。その芸能が演じられる時空間が非日常性での感動の場となること、こうした地域独自の芸能がコアとなり地域の独自性を生み出すことだ。

空間のコスモロジーと芸能組織での継承

芸能からくる影響は、屋内・屋内外・屋外など空間の様々なレベルで継承される。黒川能・王祇祭では、地域の長老者の家二軒の住宅の壁をすべて取り払い、能舞台を設置して夜通し演能される。黒森歌舞伎では、地域の中心に廻り舞台を持つ施設があり、観客は屋外の雪の上に筵を敷いて見物する。山あげ祭では、道に幾度も舞台と地元産の和紙で作った書割（背景）を複数立て歌舞伎の野外劇が行われる。日常空間・宗教空間・芸能空間の重層的な構成をとり、神や仏といった精神性と結びついた空間のコスモロジーがみられ、継承する上での重要な鍵となっている。芸能組織のあり方も継承のもう一つの鍵である。そのつながりは地域芸能を自分が支えている実感を持たせ、地域に住む意義を与えてくれる。これは、家筋・実力主義・世代別など各地域で工夫された仕組みを持ち、時代に応じて柔軟に変化対応してきた。

環境デザインへの新たな展開の可能性（黒川能を例として）

黒川能は地域を二分する二つの組織があり、双方が競演することが継承に大きな役割を果たしてきた。その中央に位置する神社内の能舞台は両橋掛かりという独自の様式を生み出し、さらにその舞台形式が逆勝手の能という独自な舞いとなった。神社が保有した社田というものがあったのも経済面で能を支えた面も大きい。興味深い試みとして、明治以降なくなった社田に代わり「黒川能の里」のマークをつけた地域の農産物や加工品のその収益の一部を充てようとする地域ブランディングがなされている。これらをみていると、芸能が固定化したものでなく相互の関係から変化、発展してきたことが窺える。今後を考えるに、舞いの違いから上座・下座での住宅の違いをプロデュースできたなら、その住宅が将来の文化財や観光資源として有益なものとなることは間違いなく、検討に値するといえよう。

伊藤真市

4章 時をつなぐデザイン

継承 世代をつなぐ

1〜4：作品を観察し撮影する鑑賞者／5〜10：投稿された作品

4-1 継承…世代をつなぐ

生活に浸透する携帯情報端末

　めざましい速さで科学技術が進歩し、私たちを取り巻く環境は刻々と変化している。TwitterやFacebookなどのソーシャルメディアの成長や、スマートフォン、電子図書リーダーなど新たなデバイスの発売は、私たちのライフスタイルに急速な変化と多様性をもたらしている。総務省の「平成23年度版情報通信白書」[※3]によれば、日本におけるインターネット利用者は9,460万人を突破した。このうち、携帯電話やスマートフォンなど携帯情報端末からの利用者は全体の83％を越え、私たちの生活に欠かすことのできないツールとなっていることがわかる。これらを利用し、各地で安全安心につながるまちづくりや、医療・福祉、地域文化の紹介、教育など様々な目的から情報発信が行われている。

平和への祈りを継承する鑑賞支援システム

　都市の中には、地域の歴史、文化や環境に根ざしたサイト・スペシフィックな歴史的建造物やパブリックアートが存在する。広島には平和に対する強い思いをテーマとした多くの作品がある。屋外の作品は、季節や天候、時刻など、作品を取り巻く環境によって表情を刻々と変化させる。これらを鑑賞対象として、投稿された写真と感想を共有する携帯電話を使用した鑑賞支援システムをデザインした。主なユーザターゲットは、自分の携帯電話を持ち、それを日常生活の中で使用している若者である。

1) 人とその瞬間に存在するリアルな作品をつなぐ：都市の中で参加者がみつけたパブリックアートを携帯電話で撮影し、その写真と感想を投稿する。
2) 人と人をつなぐ：投稿された写真と感想を参加者どうしが共有する。
3) 新たな鑑賞につなぐ：キーワード検索から新たな作品を発見する。
4) 鑑賞における自身の変化を認識：ニックネーム検索によって蓄積された自分の鑑賞記録を確認する。

　美術館という美術作品のための空間から生活と密着した都市の中に鑑賞の場を広げ、広島市内で実証実験を行いその有効性を検証した。

　若者を対象として、携帯情報端末を選択することで、平和に対する祈りをそれらの作品に込めた人々から、現代に生きる人々へその思いを継承する支援の一助となる可能性を広げた。

　有益な情報を効果的に周知させるためには、ユーザ特性の把握とその利用傾向を踏まえたメディアの選択が重要である。また、そのシステムを有効に機能させるデザインはさらに重要である。

伏見清香

4章　時をつなぐデザイン

継承
型・ありよう

1：手作りの灯籠／2：著名な書家による看板／3：地域に残されている京町家
4：地蔵盆や年末に、通りを歩行者専用道路とし、手作りの灯籠を並べ、ミニコンサート、デザインの学生コンペなど、地域主体のイベントを重ねる

4-1　継承…型・ありよう

地域固有の魅力を発見する

　日本の各地には、地域固有の魅力ある環境デザインが存在する。しかし近代化の中で多くの地域が、新しい地域の環境デザインを求め、その個性を失ってきた。近年、失われた地域の特徴を再び活かした環境デザインが、求められている。地域固有の優れた環境デザインを発見し、それを活かし「継承」していくことは、人とモノと場、それぞれの要素を、時の中でつないでいく行為である。

地域の固有性を継承する—姉小路（京都市）の活動から

　京都では歴史ある地域固有性を継承するために、市民による景観まちづくりが進められている。その中でも市の中心部に位置する姉小路の680mほどの区間で進められている活動は、人とモノと場を巧みにつなげながら、次の時代へと時をつないでいる。

　活動の中心を担う「姉小路界隈を考える会」は、1995年に地域で起こったマンション計画を契機に発足し、その後地域に継承されているデザインを検証しながら、良さをつなぐ様々な取組みが進められている。通りでは、老舗の店舗が京町家に著名な書家による看板をのせる、そこには「モノ」としてのある「型」が存在する。地域の活動は「看板の似合うまちづくり」で始まった。地域の蔵から発見された、江戸時代の町の法律「町式目」から、2000年「姉小路界隈町式目（平成版）」を策定し、その内容を地域の人々と共有するために、通りに掲げ地域の思いをつないでいる。地域での住まい方の「ありよう」を、時を超えてつないでいく活動である。地域に残されている京町家も、近代化の中でビル風に改修されその様相を大きく変えているものもある。

　地域の環境デザインの個性をつなぐためには、京町家の表情を蘇らせ、老朽化した部分を改修するなど、その個性をつなぐ必要がある。しかし個人の住宅改修には、その家庭の事情が大きく関与する。単に景観上の理解や、手法のアドバイスにとどまらず、改修のタイミングをキャッチする手段は、日常的な地域の住民どうしの付き合いによる、深い信頼関係が有効になるのである。そのため、会では共に活動する機会を増やしている。地域主体のイベントによって、外部からも多くの人々が訪れ、地域の子どもたちも参加する、ここに地域の取組みを次世代に継承する仕組みが取り込まれている。楽しみながら、地域の活動を次世代にそして社会に、継承しているのである。1998年度より「花と緑でもてなす姉小路界隈」をキーワードに、共通のプランターづくりなど、新たな「型」を持ち込みながら、通りの価値を高める活動も続けられている。こうして活発な地域の活動が起こると、行政や、大学、企業などがまちづくりの実証実験の「場」としての力を活用し、地域に成果を還元していく。地域はさらにその価値を高め、次世代に引き継いでいくのである。

藤本英子

4章 時をつなぐデザイン

季節　四季をつなぐ

1：京都　修学院離宮・上の茶屋 御幸門　早春の景／2：同　盛夏の景／3：同　紅葉の景／4：同　雪景色
5：京都　桂離宮　松琴亭／6：京都　五山送り火

4-2　季節…四季をつなぐ

日本の四季
　地球上において春夏秋冬の四季が見られるのは温帯にある地域で顕著であり、熱帯や寒帯では四つの季節の差は不明確である。日本は世界でも稀に見るほどの四季の変化が大きくかつそれぞれ美しい景観を造り出している。それは日本の国土が南北に長い島国で、夏は蒸し暑い南の小笠原気団と冬は北のシベリヤ寒気団に交互に被われ、夏と冬が極端に異なる気候であり降雨量も多く、多種多様な植物品種に富んでいるからである。古来、日本列島に住む人々は、春は花見、夏は夕立、秋はキノコ採り、冬は雪景色など季節ごとの森羅万象を愛で独特の文化を創り上げてきた。

四季と空間造形
　四季の変化が豊かな日本において人々が住む建物は『徒然草』の兼好法師が言うように、蒸し暑い夏向きにつくられたが故に柱と梁のシンプルな空間造形美が創られた。日本の住居は風通し良く、見透しが良いので庭園と一体化した空間が特徴となったが、日本の庭園では四季の森羅万象の変化を熟知した伝統的技術で素晴らしい庭園景観を現在の人々に提供している。
　左頁の写真は、京都比叡山の麓にある江戸時代前期に造られた後水尾上皇の修学院離宮。そこにある上の茶屋の御幸門の四季の景観の変わり様である。このような世界に誇れる繊細な自然を活かした空間造形美を創り出したのも、稀に見る日本の四季の恩恵であろう。

四季と生活
　豊かな四季の日本における人々の生活は、各季節ごとに対応した特徴ある生活様式を作り上げてきた。住まいにおいては、夏は簾（すだれ）により開け放しの室内を隠しつつも風通しを確保してガラスの水槽で金魚を飼い納涼を演出し、冬は炬燵（こたつ）で暖をとり屏風で囲み保温するなど様々な設え（しつら）え、調度により工夫をしてきた。都市空間においては四季折々に物見遊山（ものみゆさん）と称し各地の寺社仏閣巡りを兼ねて季節ごとの花を楽しみ、夏の花火大会など様々な行事を編み出してきたが、夏の京都の五山送り火は都市全体を包むスケールの大きな特色ある夏の行事である。

中嶋猛夫

季節 うつろいのデザイン

4章　時をつなぐデザイン

1：ピロティから中庭を見る／2：ピロティから中庭へ／3、4：中庭内の園路　園路は緩やかにカーブさせ、マウンドと立体的な植栽で先を見通せないシーンを連続させ一つのストーリーにした

4-2　季節…うつろいのデザイン

うつろい歩く

　うつろいながら変化していく空間に、心地よさを感じることは誰しも経験があるのではないだろうか。うつろいは、季節や年月、さらには一日の中でも変化を繰り返す、完成されることのない未完の空間で感じることができる。それは日本の伝統的な名空間によく見られ、継起的に歩き、たどりながら空間を体験することで人は空間全体を認識させ、徐々に満たされながら心地よいと感じていくのである。建築や環境デザインの分野では、このような継起的に変化する景色をシークエンスといい、空間だけでなく光の変化なども含めて総合的に考えられている。

シークエンスの結節点

　写真は中国北部の集合住宅である。集合住宅の屋外空間では個人の庭のような居住空間としての機能だけでなく、コミュニティの生まれる場としての役割も果たさなければならない。特に中国の人々は日本人に比べ、より広場や公園などの共有空間を積極的に利用する習慣がある。今回の計画ではコミュニティ形成の場としての役割を中庭中心部に位置するピロティに与え、空間構成の視点からみても建築と庭、内と外、場と場をつなぐ結節点であり、庭への導入部となる重要な場となるよう提案した。
　写真のようにシーンの開放と絞込みを、盛土や植栽、ファニチャーの構成によってシークエンスの骨格を作り出しているため、サイズを見誤ってしまうとすべて見通せてしまったり、閉塞感を感じてしまったりする恐れがある。そこで空間構成の設定が十分であるかどうか検証するため、スケッチアップ（Google Inc. が開発・提供している 3D デザインツール）を使って空間を立ち上げ、3D 上で歩きながら空間の変化やボリュームを検討し、実際のデザインに反映させた。

小空間の連続

　自由に散策する庭の場合、シークエンスは必ずしも設計者の意図通りに感じさせられるものではない。自由に散策する経路の決められない庭において、シークエンスの鍵となるものは場と場の結節点にあり、この計画ではピロティがその役割を果たしている。ピロティを起点にして、それぞれのルートを異なる小空間の連続と変化によるシークエンスとして成立させ、どの経路をとってもストーリー性を感じられるように構成した。歩きながらも楽しめる庭として、ここに住まう人々に一年を通じて活用されている。

大野とも子

4章　時をつなぐデザイン

季節
実りを上げる

1：おはらい町通り／2：伊勢市観光案内サインシステム（おはらい町案内サインの表示デザイン）／3：度会橋橋詰お休み処（公共トイレ、ベンチ、観光案内サイン）／4：伊勢市観光案内サインシステム（施設記名サイン）

4-2　季節…実りを上げる

20年周期の季節

　三重県伊勢市は、伊勢神宮（正式には神宮）を包容する観光都市である。現代の地方都市の風景の中に、江戸時代に全盛を誇った伊勢参りを偲ばせる歴史的な宝物が数多く残されている。神宮は20年に一度の式年遷宮により、常に厳かで美しい様相を持続させている。そして、その20年周期の季節は、神宮のみならず伊勢市とそこに暮らす人々の季節にもなっている。市民だけが参加できる20年に一度の"お木曳き"などの行事は、市民の誇りである。伊勢市にとっての式年遷宮の20年は、一つの"季節"である。

生なりのデザイン

　1993年の第61回の式年遷宮が行われる前、伊勢市は都市景観デザインの基本方針を生み出そうとしていた。そこで生まれたのが"生なりのデザイン"である。生なりは、神宮の建築素材とその使われ方に象徴されるように、素材それ自身が持つ良さや美しさがありのままの（純粋な）状態を示している。人工の造形物は、時間の経過に自然に迎合し、生なりな状態であってほしい。生なりのデザイン手法は20年経っても何十年経っても色あせることなく、どの時代においても新鮮で気持ちが改まる更新手法でもある。生なりのデザイン方針に基づき、観光案内サインシステム設計、お休み処（公共トイレ＋観光案内サイン）設計など景観整備を実践してきた。そして、20年周期の季節で考えると、"おはらい町"と"おかげ横丁"は一つの実りを上げた。

現代版伊勢参り

　おはらい町は、神宮内宮の門前町である。全長約800m（県道と市道）の石畳と無電柱化された沿道には、景観統一された伊勢特有の家並みが続く。1993年にオープンした地元企業が運営する観光客向けの複合商業施設"おかげ横丁"と相まって、現代版伊勢参りさながらの賑わいをみせている（2009年のおかげ横丁入込客数は400万人超え）。おはらい町のまちなみ保全と再生のための動きは1979年からで、住民、民間、行政の三位一体となって取り組んだ成果により、市内で神宮に次ぐ集客力の高い場所となった。しかし地元としては、神宮内宮とおはらい町を合わせた一極集中型の観光地だけではなく、周辺に多く点在している神宮、伊勢参り関連の施設を周遊できるシステムをつくり、伊勢市の魅力をより濃く発信したいと考えている。生なりのデザインで実りを上げるための種まきは20年前にしている。おはらい町に次ぐ成果が楽しみである。20年周期の季節＝式年遷宮は、注目を浴び観光客も増え、伊勢市にとっても人で潤う賑やかな節である。2013年に第62回式年遷宮が行われる予定である。

上綱久美子

4章　時をつなぐデザイン

時間
暮らしのデザイン

凡例：
- L・Dゾーン
- 水廻り動線ゾーン（変わらないもの）
- 個室ゾーン（変わるもの）

2階平面図
1階平面図
地階平面図

1：視覚的に共有するシンボルツリー／2：プランおよびゾーニング図／3：個室群を束ねつなぐ縦動線空間／4：地下のライトコートを取り巻く個室群／5：外部と視覚的につながる水廻り／6：ライトコートを介してつなぐ動線空間／7：道路からのアプローチ

4-3 時間…暮らしのデザイン

時とともに永く生き続けることのできる"住まいの型"

近年、フローよりストックの時代といわれて久しい。今や消費文明の象徴のような、スクラップ＆ビルトは良好な環境を阻害する遠因となっており、良好な環境を維持管理しながら保全をしていこうという潮流になっている。住まいについても同様で、標記のテーマは時代の要請を契機とし、以下の三つの要件が満たされている必要がある。

ライフスタイルの実現化

住まい手の階層によって大きく異なっており、モダン派、トラッド派、個室派、LD派等々、様々な志向性がある。いずれにせよ所与の条件や環境、土地の有効利用から普遍的で合理性の高い解決策を選びとらなければならない。この写真の家は敷地全体を一つの住まいとして、狭少でも自然との共生を図り、外部としての庭まで住まいの範疇（はんちゅう）に取り込んでいる。内外の流動性や視覚的、行動的な合一を図りながら、場所性や領域性において、時の流れとともに多様なライフスタイルが生成できるような提案となっている。

ライフ・サイクルへの対応

一つ目のライフ・サイクルは家族構成の変化にどのように対応するかである。つまり出生、成長、結婚、勤労、死亡と循環的発展段階におけるどの時期に住まいの計画があるかによって大きく前提条件が変わることである。しかし歴史を振り返ってみると百年以上もなお生き続けている民家にその例をみることができる。そこから転用性空間と増減殖のシステムによって家族構成の変化に対応する知恵を学びとることができる。転用性空間は、数室の目的空間を除きすべて抽象的で無色透明な空間であるがゆえ、多機能に転用できたのではないか。この家でも、変わるもの（個室ゾーン）と変わらないもの（水廻りと動線ゾーン）とを明確に峻別（しゅんべつ）し変わるものの領域において転用性を図っている。

二つ目は、建築体と設備の物理的耐用年数からくるライフ・サイクルで、維持管理、取り換えと増設の仕組みを容易になしうるシステムづくりが必要である。

ライフ・ファシリティーズと省エネルギー化

地球温暖化に伴うCO_2の排出規準の策定や自然災厄への対応から、都市や大規模施設だけではなく住まいにおいてもエネルギーの効率的運用と省エネ化を図らなければならない。この家でもバリアフリー化を図るとともにオール電化を試み、太陽光発電と床暖房をセットで敷設している。近い将来の科学技術の更なる進歩で発電能力が高まれば、自前でエネルギーが供給でき、都市のライフラインに全面的に依存しなくても済むようになるのではないか。100％自前でエネルギーを生産する能力を持つ住まいの実現が目標となっている。

井上尚夫

4章 時をつなぐデザイン

時間
ハレとケのデザイン

1：神田明神　平日(ケ)／2：神田明神　祭り(ハレ)
3：神奈川県相模原市　陽光台公民館角　街角広場と防犯防災タワー

4-3　時間…ハレとケのデザイン

ハレとケ

　日本における伝統民俗的な世界観に「ハレとケ」があり、「聖と俗」の意味があるとされる。一般的にハレは「晴れ」と表記され「晴れ着（お祭りや重要な儀式の時に着る特別な衣類）」や「晴れ舞台（華々しい場所）」「晴れがましい（表立って華やか、誇らしいこと）」などの慣用句があり、特別な儀礼や祭りなどの「非日常」的事象を表した言葉である。一方、ケは「褻」という漢字が使われハレとは反対の「日常」を意味し、「ケガレ（穢れ、汚れ）」などの言葉も関連があるとされる。現代人の生活の中で「ハレとケ」は伝統民俗的「聖と俗」の意味使いは少なくなってきたが、近年では「日常と非日常」や「平常時と非常時」の意味の使用は重要さを増している。

平常時と非常時

　「平常時と非常時」の言葉で誰もが思い出すのが災害であろう、幸いに今日の日本では戦災はここ数十年起きていないが、毎年襲い来るのが台風や豪雨、地震などの天災でありその被害は人命をも含め甚大である。特に1995年1月の「阪神淡路大震災」はマグニチュード7.2の都市直下型で死者6,000人に上り、2011年3月の「東日本大震災」はマグニチュード9.0 震度7の揺れと沿岸部への大津波と原子力発電所の事故とで多大な被害をもたらした大災害となったのは記憶に生々しく、「非常時」の災害に対する対策が求められている。ただし、何時来るかもしれない災害に対応するために「平常時」の生活や景観上に支障をもたらすことのない環境、景観設計をすることも重要であろう。

平常時の防犯、非常時の防災ー施設

　左頁の写真は「安心安全の街角広場と多機能防犯防災タワー」で神奈川県の相模原市、陽光台公民館に設置されているもので、どこの町でもある交差点の見透しの良い広場に防犯防災タワーを設置し、地域の人たちの「安心、安全」を担うコミュニティスペースとタワーはシンボルとなる。平時は時間を知らせる時計塔、夜は照明で街角を照らして地域の防犯に役立ち、災害時にはサイレンや防災センターからの情報や地域FM放送を聞くことができ、それらの機能はソーラーパネルと風力発電で自立型のエネルギーシステムで維持し、本体内部には非常用医薬品や食料も備蓄できる。地下水槽がある場合は非常用の飲料や消火用にも利用でき、CCDカメラを設置しておけば、平時は防犯用とし非常時は防災センターとの情報交換が可能になり、公共の場に複数設置することにより広域の防犯防災ネットワークが構築される。

中嶋猛夫

4章 時をつなぐデザイン

時間 営みのデザイン

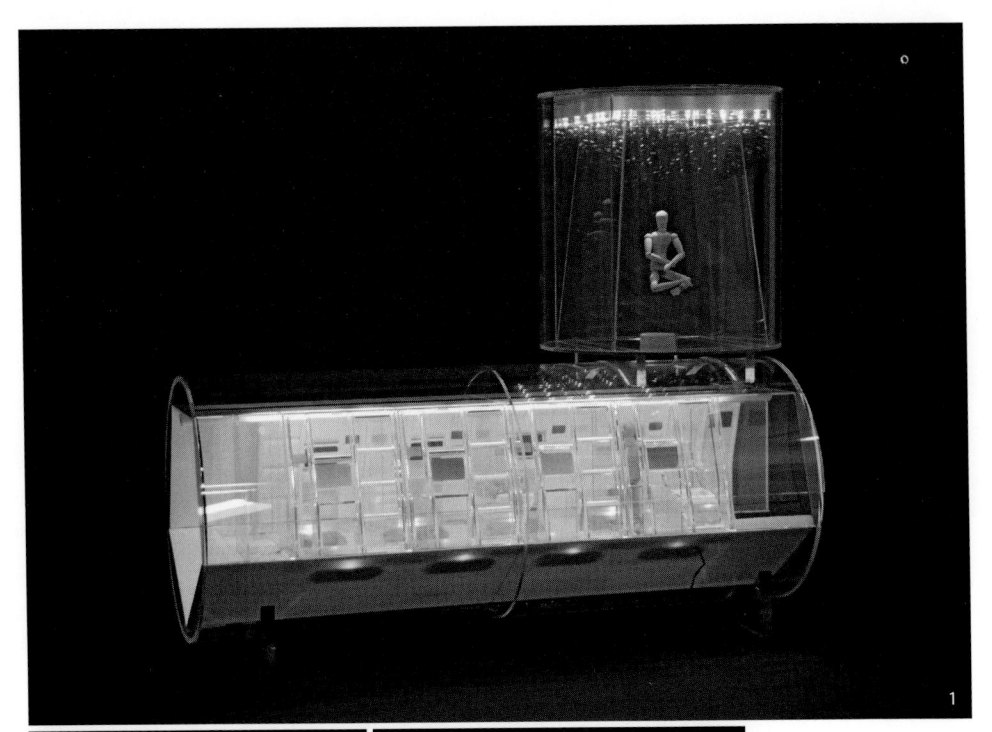

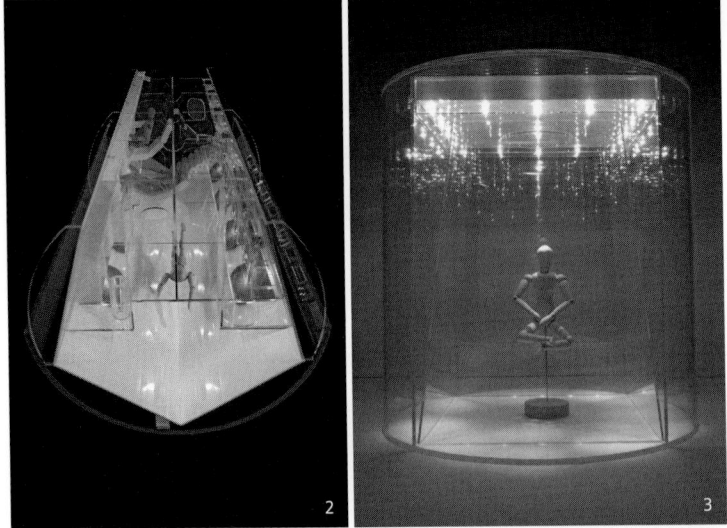

1：宇宙茶室 1/10 コンセプトモデル／2：六角形断面を持つ宇宙茶室／3：補給倉利用の宇宙茶室

4-3 時間…営みのデザイン

宇宙茶室―茶室要素の応用展開

　日本における宇宙開発は、実験モジュール"きぼう"が地上400kmのISS（国際宇宙ステーション）に付設され、その興味も想像から現実へと新たなる局面を迎える時にある。このような背景から、具体的デザイン提案の可能性を探索し、米国NASAの視察見学とプレゼンテーション、ヒアリング、搭乗体験したパラボリックフライトなど、宇宙に関わる科学的データを参考としつつ、多分に想像的解釈をもってアイデアを開陳、コンセプチュアルな展開に照準して提案した。

　テーマは、科学が挑む未知なる宇宙環境特性の興味とともに、その宇宙でより人間的に生きること、居住することである。しかしながら宇宙は、想像以上に地球と異なる環境であり、原寸の宇宙カプセルモデルに入った印象は、決して住みたくなるような空間ではなかった。それは何故か拘置所の独房を連想させ、居住の対象とは映らなかった。強烈な否定的印象は、ごく自然に日本古来の智慧の集積で造られてきた茶室を連想させ、宇宙の居住空間へ茶室要素を応用展開する。この着目は、おそらく日本独自の観点であるが、国境を超えても共有できる生命観や精神への働きかけを可能とする居住環境こそ"宇宙茶室"であると確信している。

トキをつなぐという行為＝命をつなぐこと

　研究の具体は、地球と大きく異なる宇宙環境の特性を人間・空間・時間という概念に共通する間（MA）を、① 人間動作―微小重量環境下での浮遊の姿勢、② 居住空間―外部のない狭小閉鎖空間、③ 生活時間―地球と異なる時間感覚という"三つの間―MA"の視点でとらえ、将来的な宇宙長期居住に照準し、そのライフスタイルを1/10のコンセプトモデルにより仮想提案している。宇宙空間にあるISSは、地球を90分で一周する。このためカプセル内では、1.5時間ごとに日の出、日の入を見ることになる。つまり、宇宙では、地球で体験する日照変化による朝－昼－夜という時間感覚は成立せず、一日24時間という必然性も希薄となる。宇宙では明るくなったから起床・労働し、暗くなったから睡眠するという、外的状況変化に生活行為が連動しないのである。多くの生体は、太陽の日照時間に連動した生命維持の周期やリズムを刻む。この周期が異なる宇宙環境下での時間感覚は、地球環境に仕組まれた外時間と生体が持つ内時間とのズレとして人間に影響を及ぼす。トキをつなぐという行為は、命をつなぐことと同義である。宇宙茶室では、人間が持つ生態学的時間感覚（体内時計）を基本に、8人がシェアする居住モジュールでの生活をロータリー・タイム（行為時間）として組み立て、ISS上での生活に対応するユニバソロジカル・タイム（宇宙生態時間）の時間概念を提案している。

尾登誠一

4章　時をつなぐデザイン

参考資料

83 ページ	お台場海浜公園　設計：(株)東京ランドスケープ研究所
86-87 ページ	英文レポート　Kiyoka Fushimi, Hirokazu Yoshimura, Hiromi Sekiguchi, Takahiro Anasako, Hiroyuki Une, Karin Barac, "Design of an Appreciation Support System for Public Art Using Mobile Phones", Museums and the Web 2001, http://conference.archimuse.com/mw2011/papers/design_of_an_appreciation_support_system_for_p
88-89 ページ	姉小路街なみ環境整備事業　姉小路界隈を考える会 http://www.aneyakouji.jp/index.html 街なみ修景、色彩計画アドバイス：藤本英子(姉小路景観委員会)
92-93 ページ	集合住宅　設計：(株)ランドスケープデザイン(設計責任者：櫻田武志)、撮影：庄　哲
94-95 ページ	おはらい町通り　設計：(株)GK設計 伊勢市観光案内サインシステム　設計：(株)GK設計 度会橋橋詰お休み処　設計：(株)GK設計
96-97 ページ	個人宅　設計：(株)井上尚夫総合計画事務所
98-99 ページ	多機能防犯防災タワー　デザイン：中嶋猛夫　2000年グッドデザイン賞ソーシャルユース部門

出典

80 ページ	※1　「リ・デザイン」：原　研哉著『デザインのデザイン』岩波書店、2007年
81 ページ	※2　"盗み"：都市デザイン研究体著、彰国社編『日本の都市空間』彰国社、1968年
87 ページ	※3　総務省『平成22年度版情報通信白書』 http://www.soumu.go.jp/johotsusintokei/whitepaper/index.html

5章　コトがつなぐデザイン

5章　コトがつなぐデザイン

はじめに

　「コトがつなぐデザイン」とは、環境の生命力によって生み出され、環境を活性化するデザインである。「事」ないし「こと」でないカナ文字の「コト」を使っている理由は、既成の事実や概念に必ずしも捕われない先端研究と実践に重きを置いたからにほかならない。「コトによって創られるデザイン」と「コトを創り出すデザイン」の両面から構成される。前者は「コトがつなぐデザインの結果」を、後者は「コトがつなぐデザインの目的」を意味している。コトの結果からデザインの目的が抽出され、コトの目的からデザインの結果が創出される。それら二つの関係の一体的なとらえ方が、「つなぐ」という表現に代表されている。従来のデザイン領域の境界を取り払い、アメーバのように形を変えながらつないでいく「コトがつなぐデザイン」の特質をそこに見取ることができる。

　「コト」は人、モノ、場、時の関係が織りなす環境の息づかいである。環境の生気ないし活気ともいえる。それを広く環境の雰囲気としてとらえれば、コトの多様性を包み込む。人、モノ、場、時をつなぐデザインの成果を内包する環境デザイン集成である。その逆に、人、モノ、場、時をつなぐデザインがコトがつなぐデザインによって影響を受けて変化する可能性もある。「コト」について考える行為はそれ故、前提として人、モノ、場、時について考える行為を必要とする関係にある。

　「コトがつなぐデザイン」は人の手によるデザイン行為を経なくても具現化する。地球の誕生以来、絶えることなく続く自然の営みの結果形成された風景などがそれである。自然が織りなす環境のデザインに対して、新たに人、モノ、場、時をつなぐデザインを包み込んで「コトがつなぐデザイン」を付加する意味、例えば風景の中の景観計画の意義など、注意深く吟味されなければならない。そして自然と人工の環境デザインの調和・整合並びに相乗効果についても、その有効性が検証されなければならない。

　本章では「コトがつなぐデザイン」を「物語」「情報」「価値」の3項から検証する。

5-1　物語

　「物語」は、環境の奥深く幅広い息吹きを語り伝える「コトがつなぐデザイン」である。人とモノがそれにより有機的に関係づけられ、場と時を共有するつながりを自覚することができる。その結果、物語が記憶されず意識されなかった環境と比べて、そのコトがつなぐデザイン環境に身を置き、関わることに歓びを覚えることができるようになる。語り部の里とも呼ばれる柳田國男の『遠野物語』で有名な岩手県遠野市は、そうした「コトがつなぐデザイン」が評価されるコミュニティの事例である。

　今ある様を客観視することは誰にとってもたやすいことではない。ところが物語というコトが歴史の事実を知らせてくれることによって、現状を相対化してとらえこ

とができるようになる。身を置く環境の時間的奥行きの中で、自己ないし自分たちの現在を客観的に認識しやすくなる。京都の晩夏を彩る大文字の送り火は、先祖や故人と現在ある自己の関係を改めてつなぎ止めてくれる。非日常性を創り出すデザインである。

「街並み絵巻プロジェクト」では、戦後の闇市から始まった新宿駅西口横丁の独特な個性が、世帯を超えて存続する魅力の中に、思い出横丁街並み絵巻をデザインした参加型プロジェクトを紹介する。「形や行いに作用する伝承」では、現在の生活習慣に影響を及ぼしている「立砂」と行動に影響を及ぼしている「茅の輪くぐり」のコトを取り上げる。「日常性を獲得するための手がかり」では、日常性を生み出す手がかりとしてのパタン・ランゲージと継続的な関与が生み出す日常性について報告する。

5-2　情報

コトの中でも情報は、情報化社会と呼ばれて久しい現代社会にあってますます重要な位置にある。都市環境の機能と構造の大規模複合化により、ブラックボックス化が進んでいる。その結果、誰にとっても環境がわかりにくいものとなり、危険性が増大している。

ここで取り上げる情報とは、環境の持つ意味でもある。単一的な意味であれば情報に代わってサインの用語を使えばよい。サインは、情報の素子ともいえるもので、空の雲行きや建築の佇まい、顔色や服装まで、ほとんどすべての環境構成要素の意味はサイン性を持っている。そうした環境の意味は、人により状況によってサイン作用を働かせる。それ故、環境の持つ状況関係が提示する複合的な意味ということになる。

環境の複合的な意味を情報化し、顕在化することが、情報というコトでつなぐ環境のデザインである。言い換えれば環境の情報化によって、情報空間ないし情報環境を創ることが目指す目標となる。

その際、情報の顕在化と潜在化のデザインも重要になる。すべてを顕在化すればよいわけではない。必要な時に必要な人に必要な情報が必要だけ活かされるデザインが望まれる。知りたいという意思と知らせたいという意思の出会いが、デザインの基本的な押さえどころになる。そのためには、情報でつなぐデザインの場合は特に、主体をどこに置くかが厳しく問われてくる。主体者が自由に情報を読み取ることを許容する多様性にも配慮したデザインである。

環境情報の表現方法としては、イメージを形によって象徴するデザインであり、環境情報の象徴方法としては、文字、色、形、映像などが多用される。最近では情報技術の進歩によって各種情報メディアの活用も少なくない。けれども情報の主体的な活用を推進するためには、環境との関わりを持つ多様な生活者に心すべきであろう。細

コトがつなぐデザイン

はじめに

5章　コトがつなぐデザイン

かい多くの文字情報を判読する視力の負担など考え合わせると、遠くからでも見た瞬間にわかるピクトグラム（絵文字）あるいは図解による情報の視覚化は有効である。案内用、安全用、機器操作用の図記号の国際規格化が、世界135カ国を擁する国際標準化機構（ISO）を軸に30年来精力的に推進されており、共通の形象（シンボル）による環境の視覚化が一般化している理由も、そこにある。

　「サイン計画―スポーツ公園を例に」では、八王子市最終処分場跡地に計画された戸吹（とぶき）スポーツ公園のサイン計画を取り上げる。そのデザインが多様な利用目的を支援する情報として与えられ、公園の機能情報の仕組みを見せてくれる。「小宇宙を創る究極の環境デザイン」では、イヴの茶会と呼ぶイベントで金沢のコミュニティ環境を蘇生させ、息づかせるデザインの事例である。「環境の見立てに役立つ色彩情報」では、彩色都市金沢市の彩りのデザインを取り上げる。街の色は市民の心映え、しぐさの結晶であり、市民参加の景観色彩まちづくりも定着している。

慶應義塾幼稚舎100周年記念棟ピクトグラムサイン　　ワシントン国立動物公園案内サイン

5-3　価値

　「コトがつなぐデザイン」が環境の活気を紡ぎだす時、その環境の質が向上し、価値が創出される。その逆に環境が生気をなくす時、その環境の価値は低下する。質の向上と「価値」の創出、そしてそれらの低下ないし低迷は、「コトがつなぐデザイン」を評価し評価される物差しとなる。生気ある環境の息づかいが生み出され、あるいはそれを生み出すためには、前提として環境の体質ないし状況が、安心できるものであり安全でなければならない。それまでに営々として築き上げられた地域社会の価値は、災害などにより跡形もなく打ち砕かれている事実にわれわれは直面している。「安心・

はじめに

安全」は環境の価値にとって不可欠な前提条件である。

　こうした厳しい現実を目の当たりにして、コトがつなぐ環境のデザインが今後目指すべき指標が、価値づけるコトによって定められなければならない。ふれ合いによる交歓、共生によるアメニティは、そうした方向づけの重要な手がかりになる。ふれ合うことによって、あるいは関わることによって得られる歓びは、生物に共通の基本的価値である。人をはじめ哺乳類の生物界では、接触ならびにふれ合いによる種の再生と存命が、生存のための第一歩となる。共生つまり一緒に生存することの大切さの中から交歓の価値は芽生えてくる。アメニティは、機能性、利便性、文化性などの快適性のデザインであり、ケーキショップでは、新鮮さを保ち、美味しく見せることのできるケースの機能性、お客様が、楽しくケーキを見ることができ買うことのできる利便性、ケーキを媒体とした文化の発信基地となる文化性が必要なデザインとなる。ケーキの美味しさをガラス越しによりいっそう美味しく見せるケースの機能が重要となってくる。大きな意味で考えると、自然が織りなす環境のデザインと人が整える環境デザインの調和あるいは融合性、そしてそれらの相乗効果について十分検討されなければならない。

　「関係のデザイン」では、東京晴海通りの照明ポールと博多駅前広場の歩道デザイン・共架柱のデザインならびに新宿交差点ゲートデザインより秩序化と個性化のパブリックデザインの事例を示す。「心地よい交歓イベントのデザイン」では、札幌近郊の八剣山周辺の自然環境の魅力を掘り起こす多様な地域活動、交歓イベント(サクランボ祭り)の事例より交歓のデザインを示す。「「水都」が生み出す大阪の魅力」では、大阪の川にスポットを当てた"水の都・大阪再生構想"を紹介する。道頓堀川に遊歩道「とんぼりリバーウォーク」、川の駅や護岸のプロムナードを整備し、川底テラスの店も始まって環境の質が高められている。

MOBAC 2009 展示ケース　　　　　ケーキショップ

太田幸夫・武智　稔

5章　コトがつなぐデザイン

物語　街並み絵巻プロジェクト

思い出横丁街並み絵巻大暖簾展示風景
暖簾は街灯間に掛け、中央部分で40cm程度下がるように調整した。
また、風になびく様子を調整した結果、素材には防炎処理を施した極厚ターポリンを用いた。

1：思い出横丁街並み絵巻（部分。2010年　仲通り西側）
2：透明水彩による彩色ワークショップ／3：つぶやきギャラリー展示風景／4：街並みアロハ

5-1 物語…街並み絵巻プロジェクト

思い出横丁の魅力の構造

戦後の闇市を起源とする新宿駅西口思い出横丁。ここは今、"生きた昭和史"として残すべきか、火事の原因になるので取り壊すべきなのかの決断を迫られている。

店が変わり改装も頻繁であるが、横幅2m余の小さな店が横に並ぶという基本構造はあまり変わらない、それが昔ながらの横丁というイメージを与えている。狭い間口の店が連続して続き、しかも各店の独特な個性が世代を超えて続いているという構造こそが、横丁の一番の魅力である。

本プロジェクトの概要

この街がこれから大きく変わるに当たり、変化しながらも歴史を感じさせるという不思議な魅力の核であるこの街の構造を明確にした上で、店主（オーナー）だけでなく、店員、客、旅行者、通行人たちにこの街の将来について考えてもらうことを目的に、思い出横丁街並み絵巻プロジェクトを2008年から開始した。街並みの構造を明示するためには、街並みの端から端までを見せることが大切と考え、思い出横丁全体を線画に起こした。次に、横丁内でワークショップを行いその線画に透明水彩で多くの人に塗ってもらった。でき上がった作品は8m×1mの大きな暖簾にして、沿道の街灯間9カ所すべてに掛けて改めてこの街の存在を意識できるようにした。2010年で3年目となり三つの街並み絵巻が完成し、合計3種類9枚の暖簾が揃った。毎年ほぼ11月一杯思い出横丁に掛けられる。この街並み絵巻に彩色しながら、思い出横丁について語られた言葉を絵巻の絵柄と一緒に小さな暖簾にして横丁中央を通る仲通りに掛け、つぶやきギャラリーと名付けた。以下に、描きながらつぶやかれた一言の例を挙げる。● 新宿駅の隣なんて、思い出横丁は奇跡だね。● 思い出横丁ってリアルな昭和のテーマパークなのね。● 東京に来たら必ずここに寄ることにしてるんだよ。● 確かに思い出横丁はブレードランナーの世界だよね。この他、街並み柄のアロハをつくり店員に着用してもらうことで、店内での交流も図った。

本プロジェクトの結果と影響

毎年この展示期間になると新聞テレビに取り上げられるようになり、多くの人が作品を見に来るようになった。横丁が歴史を感じさせる構造を絵にした作品に囲まれる環境の中で横丁の将来を考えてもらうというコンセプトを超えて、お祭り的な意味合いを持ち始めている。街並み絵巻とは毎年歴史が積み重ねられ、その上に横丁の将来の物語が語られていく作品である。

笠尾敦司

5章　コトがつなぐデザイン

物語　形や行いに作用する伝承

1：神山［京都市］／2：上賀茂神社の細殿と立砂［京都市］
3：鬼門除け石［京都市］／4：安井金毘羅宮の縁切り縁結び碑［京都市］
5：江島神社の茅の輪［藤沢市］／6：西新宿の「LOVE」［新宿区］／7：東京ミッドタウンの「妙夢」［港区］

5-1 物語…形や行いに作用する伝承

伝承

　伝承は、現代のモノの形や人々の行動に影響を与えている。伝承が起源となり、現在の生活習慣に影響を及ぼしている事例として「立砂」を、そして人々の行動に影響を及ぼしている事例として「輪くぐり」を紹介する。

「立砂」とお清め

　京都市北区に、なだらかな形状をした小高い山＝神山がある。山頂には、神が降臨した岩「降臨石」があるといわれ、神山は上賀茂神社の御神体となっている。
　上賀茂神社の細殿前には、円錐形に砂を盛った「立砂」が2基ある。円錐形の形状は、上賀茂神社の御神体である神山の姿を模したものといわれ、立砂の先端には、松葉が差してあり、神が降臨する依代の姿を示している。神が山に降臨したとされる伝承が、象徴的な形態となって境内に表現されている。
　立砂には、清めの意味、結界の意味があるとされている。現代において、鬼門、裏鬼門に「清めの砂」をまいたり、穢れを祓い清めるために清めの「盛砂」を置くことがあるが、上賀茂神社の立砂が起源といわれている。京都では、鬼門除けの砂や鬼門除け石を見ることがあり、伝承が形を変えながら継承されていることが窺える。

「輪くぐり」と幸運

　茅の輪を腰につけた人は疫病から免れることができたという伝承から、茅の輪をくぐれば穢れを祓うことができるとして、茅の輪くぐりは広まったといわれている。神社では、大祓いの儀式として拝殿前に茅の輪を設け、参拝者は心身を清めている。
　京都市東山区の安井金毘羅宮には、縁切り縁結び碑という石があり、石の穴を表から裏へくぐることで悪縁を切り、裏から表へくぐることで良縁を結ぶといわれている。恋愛や賭け事などに悩める人々の人気を集めており、縁切り縁結び碑は、願いを記載した形代（身代わりのお札）に覆われている。
　現代においても、「輪くぐり」に「招福」の意味を期待する人々が少なからずいる。西新宿には、パブリックアート「LOVE」（ロバート・インディアナ作）があるが、「V」と「E」の文字に挟まれた空間を体が触れないように通れたら恋が実るといわれている。また、東京ミッドタウンには、野外彫刻「妙夢」（安田侃作）があるが、この穴をくぐると幸せになるといった都市伝説も生れている。時代が推移しても、「輪くぐり」によって「幸運をつかむ」ことにささやかな期待を持つ人々がいるわけであり、「茅の輪くぐり」を知らない若い世代にも無意識のうちに伝承されていることが窺える。

渡辺康英

5章　コトがつなぐデザイン

物語
日常性を獲得するための手がかり

1：世界で最初の歩行者天国であるラインバーン商店街［オランダ・ロッテルダム］
2：パタン・ランゲージの手法を用いて設計された集合住宅「泰山館」［東京都目黒区］
3：水辺のカフェ　行き交う観光用ボートを眺める贅沢なひとときがそこにある［ドイツ・ユトレヒト］
4：公共空間のデザインに取り組む住民ワークショップの様子

5-1 物語…日常性を獲得するための手がかり

日常性を生み出す手がかりとしてのパタン・ランゲージ

　何もないまっさらな状態から空間を創り上げる時、生活の息遣いが聞こえるような日常性を生み出すためには、環境デザイン的な「配慮」を必要とする。C. アレグザンダーはこの「配慮」を『パタン・ランゲージ』[1]にまとめた。環境設計の手引書として有名なこの書には空間づくりのための253の要素が示されており、これらの組合せで生活空間の連なりを創出することが提案された。ここでは「一度に全部を設計したり建設したり」しないよう「社会の全員」の参加を期待し、また「息の長い漸進的な成長」を見据えた。

　例えば、パタン30「活動の接点」ではコミュニティの急所となる交流の接点の必要性を説いている。世界で最初の歩行者天国といわれているロッテルダムのラインバーン商店街、パリのシャンゼリゼ通り、あるいは東京の表参道などは、パタン31「プロムナード」やパタン32「買物公園」の性質を伴うことで日常性を担保しながら、歩行者への最大限の「配慮」を伴った空間になっている。

　パタン39「段状住宅」は、人との出会いを自然な行為として創り上げる最適解として示されている。パタン・ランゲージの手法によってつくられた泰山館（東京都目黒区）は賃貸マンションでありながら、外部空間との対話的な関係を実現している。四季折々の木々に囲まれたパタン115「生き生きとした中庭」、パタン174「格子棚の散歩道」などが34世帯の日常のコミュニケーションの場にもなっている。

　パタンの組合せ方によって環境の性質は異なってくる。パタン88「路上カフェ」は、パタン150「待ち合わせ場所」と組み合わせれば時計を気にしながらのひとときになるし、パタン64「池と小川」のほとりにあれば時間がゆったりと流れゆく空間になる。

継続的な関与が生み出す日常性

　街路や公園などの公共空間のデザインなどの過程において、ワークショップの手法が用いられるようになって久しい。これには住民相互の意見を聴取し、あるいは合意形成を図ることを通じて、まだ見ぬ「日常性」を獲得しようという狙いがある。このような「つくる」ためのワークショップが空間づくりの「配慮」として行われるのであればよいが、現実には行政にとっての住民参加の「口実」に陥っていることへの批判も大きい。

　近年になって、地域の資産の利用・管理・評価などを包括的に行う「地域マネジメント」の重要性が指摘されており、「つくる」作業を「社会の全員」で行うことに加え、その後の維持の過程や事業評価などにおいても「社会の全員」が関わることが期待されている。継続的な関与を実現させる取組みこそが、真の日常性を獲得するための最大の「配慮」になるのかもしれない。

小地沢将之

情報

サイン計画—スポーツ公園を例に

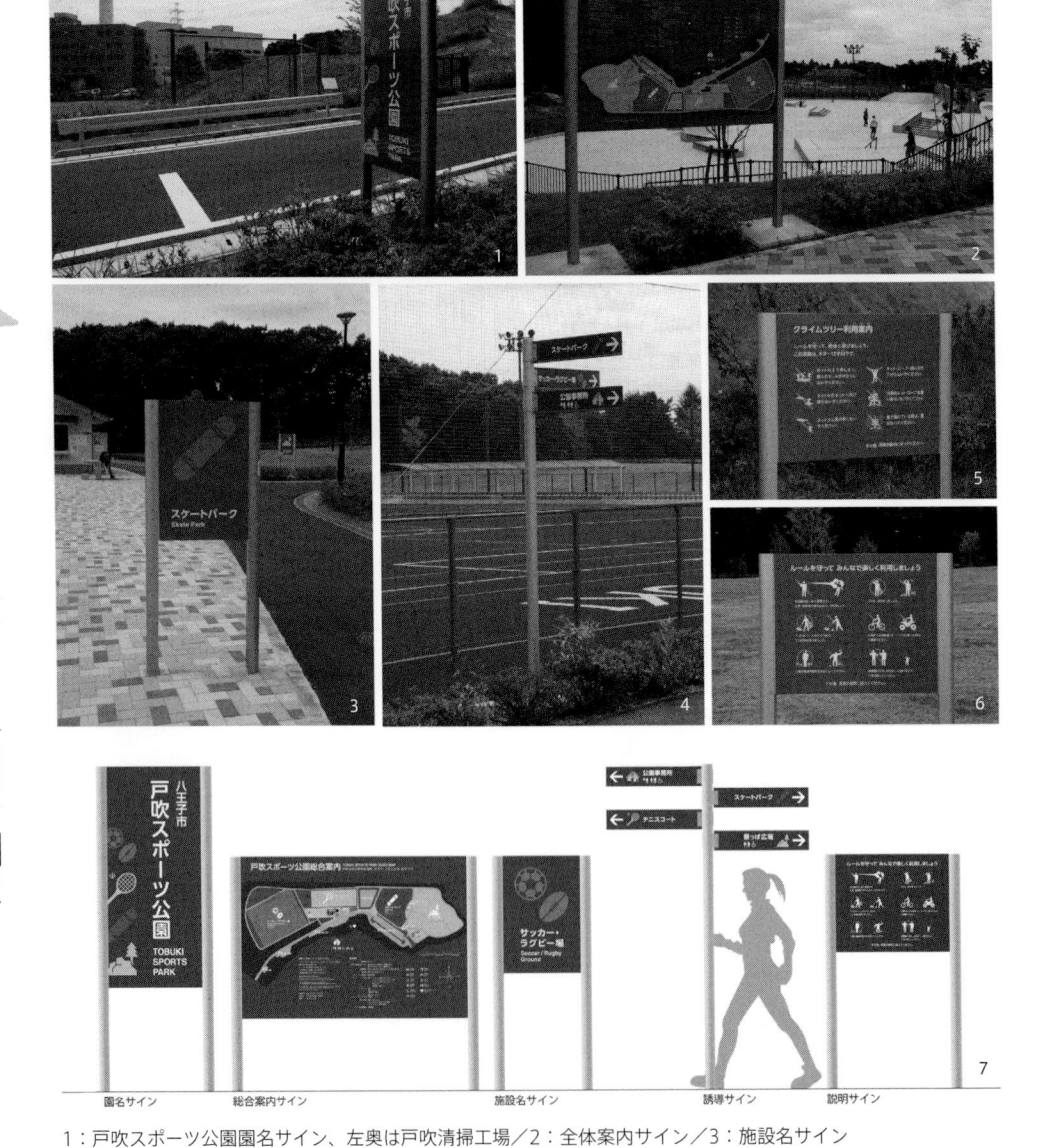

5章　コトがつなぐデザイン

1：戸吹スポーツ公園園名サイン、左奥は戸吹清掃工場／2：全体案内サイン／3：施設名サイン
4：誘導サイン／5、6：施設説明・注意サイン／7：サインシステム図（一部を抜粋）

5-2　情報…サイン計画—スポーツ公園を例に

サイン計画とは

　ある環境においてその場を利用する人に向けて情報伝達の仕組みを造ることがサイン計画である。この仕組みを造る基となるものは、サインが伝える情報の目的ごとの機能である。サインの機能を分類すると、記名サイン（施設名などを示す）、誘導サイン（方向など移動のための情報を示す）、案内サイン（地図など空間の位置関係を示す）、説明サイン（利用案内など）、規制サイン（主に行動上の制約を示す）が挙げられる。ここではスポーツ公園のサイン計画を事例として、その役割に資するサインのあり方について取り上げる。

事例：官学共同研究・戸吹スポーツ公園サイン計画

　戸吹スポーツ公園（八王子市戸吹町）は、廃棄物最終処分場の跡地利用として計画された運動公園である（2011年開園）。9.8 haの敷地にテニスコート、サッカー・ラグビー場、スケートパークやボルダリング遊具などが設置されている。本スポーツ公園のサイン計画提案には八王子市まちなみ整備部公園課と多摩美術大学の官学共同研究として取り組んだ。サインは利用者に的確に案内情報を伝えるとともに公園の環境演出に役立つ要素としてとらえた。市内の公園事例や立地、施設・利用者特性を調査・検討しデザインを提案した。参加した学生にとっては、実現するプロジェクトならではの課題や諸条件を解決しながら計画をする貴重な経験となる取り組みとなった。

サイン計画の要件

　本計画の取り組みを通じ、スポーツ公園のサイン計画は次のような点が要件となろう。① 公園施設アイデンティティの表出。② 的確な誘導：広い屋外施設における的確な誘導のために、周辺環境（地）に対して情報（図）をどのように際立たせるか、サインの存在自体の誘目性、表示面の視認性を確保する。③ スポーツ施設としてのアクティビティ、快活さをもたらす環境演出：本公園では園内スポーツ施設のマークと色を決め、記名・誘導サイン、案内図などに用いている。緑地との融合を図った本体色の緑色に対し情報自体が浮かび上がるよう図となる色を配して視認性の確保と色彩による演出効果を造った。④ 適切な施設説明や注意表示：スポーツ公園に限らず、公園ではマナーや諸注意のサインが必要となる。安全に関わる重要な目的があるものの、行動を制限する場合はどのように表現するかが課題となった。本計画では表示内容を図化することで解決を試みた。

　開園後、公園の利用者が増える一方で利用方法や注意を促す貼紙が公園指定管理者から追加されている。サイン計画では計画時と実際の利用状況とのギャップを検証し、運用や改修に反映していくことが重要となる。

小泉雅子

5章　コトがつなぐデザイン

情報
小宇宙を創る究極の環境デザイン

1：旧中村邸外観／2：旧中村邸広間／3：小間耕雲庵
4：締めくくりのチェロ演奏／5：水墨画の屏風と独自に設えた道具類

5-2 情報…小宇宙を創る究極の環境デザイン

　金沢は茶の湯の盛んな土地柄である。城下町であり、藩政期には祭りなどは禁止された。茶の湯は祭りの代替であったともいわれている。今でも残る町家には、茶室が設けられている。市内では様々な茶会が催されているが、そのほとんどが流派に関わる茶人か、茶道具の数寄者によるもので、敷居の高さの一因ともなっている。

　金沢は全国でも珍しく、茶道具一式が揃う街といわれている。陶工、塗師、釜師、茶杓師、指物師、袋師、鍛金、彫金、箔、織り、染め、表具、和菓子、呉服、大工、石工、左官、建具、畳、瓦や庭師など、工芸や職方が総合的に集まって茶の湯が成り立つ。

　茶の湯における抹茶の色と香り。茶筅や衣服の衣擦れ、そして釜の湯の音。点前の仕草や作法と半東の立ち居振る舞い。亭主と正客が織りなす会話。和菓子のほんのりとした甘さ。それらを包み込む茶室。障子に映る木漏れ日と梢をゆらす風のざわめき。それにつながる露地と待合や蹲踞。そして、それらすべての関係性を五感で感じている自分がいる。一つの小宇宙を創る究極の環境デザインだ。

　茶の湯には「直心の交わり」が求められてきた。中潜りを入ると俗世とは切り離された世界が始まる。茶室に入る二尺四方の躙り口では、自然にお辞儀しなければ通れない。また、江戸時代でも茶室では帯刀を許されず、刀置きが躙り口横にあった。つまり、身分制度をはじめ様々な社会的属性を取り除いた理想を実現しようとしている。茶の湯は人やモノを時間・空間的関係性の中でダイレクトに伝えるメディアである。

イヴの茶会

　イヴの茶会は2007年12月24日、金沢市の旧中村邸と隣接する耕雲庵において始められた。例年クリスマス・イヴの時期に開催される茶会で、茶人や数寄者に拠らない「現代と伝統」をテーマとする新たな茶の世界である。イヴの茶会を現代アートと比較して言えば、インスタレーションであり、モノではなく点前という高度に完成された身体表現を中心として、亭主のコンセプトが表現されるパフォーミングアートとも解釈される。

　毎年新たな趣向による演出がみられる。待合には、グスタフ・クリムトの「読書する人」、点心席の床には18世紀ロシアのイコンとエミール・ガレの「ラン文花瓶」、墨蹟の軸が掛けられるべき本床には吉原治良による抽象絵画「無題」と久世建二の「落下シリーズ90」が設えられる。また、この会に合わせて、作家、金沢美術工芸大学の教授陣、学生を巻き込んでつくられる棗、皆具、茶碗などの茶道具類が人々の心を引きつける。

　チェロの演奏によってイヴの茶会は、締めくくられる。人の声のごとしと喩えられる深く艶やかな音色が、座敷の朱の壁をゆらし心に染みる。感性豊かな時空間を慈しむこの茶会では、ほんの少し、茶の真理を見取らせてくれるようだ。

坂本英之

5章 コトがつなぐデザイン

情報
環境の見立てに役立つ色彩情報

1：1967(昭和42)年頃の歴史的市街地　撮影：山岸政雄
2：景観色が揃い動態保全の行き届いた長町武家屋敷界隈
3：市内の伝統環境地区、浅野川に架かる歩道橋の色彩検討［金沢市］
4：金沢にふさわしい自転車道の色彩検証［石川県、金沢市］
5：「金沢の景観を考える市民会議」における色彩や高さなどの意思表示の様子

彩りでつながれた街の情緒（到達景観）

　来るべき日本社会が循環型発展を希求するならば、物事がどのように変化しその結果どうなったかを絶えず知らしめてくれるデザイン力への接近も有効な視点となる。ここでは彩りでつながれた街の情緒がデザイン力となって、循環要因であるコトを担保している様子を垣間見たい。写真の「金沢の景観を考える市民会議」では、歴史都市にふさわしい建物の色や高さ、緑樹のあり方についてカラーカードをかざし意思表示をしている。このような市民参加のコトでつながれた街の彩りがデザイン力となって循環し、穏やかで潤いのある情緒環境が形成される。

彩色都市金沢の情緒価値と備忘40年（色彩修復）

　次に、金沢で培われた彩色都市形成40余年の歩みからコトのデザインと循環力を知見してみたい。金沢市は16世紀の戦国武将、前田利家を開祖とする近世城下町を機縁とする人口およそ45万人の歴史都市である。それゆえに景観保全への関心も高く、近年の激しい都市化の波にも抗して街の色も黒い甍（いらか）と茶系色の家並が象徴色となっている。40年以上前の1968年には金沢市伝統環境保存条例を制定し、1980年代のバブル経済の景観破壊から歴史的な景観を保全した。また1978年には金沢経済同友会などの民間主導による「金沢都市美文化賞」が制定され注目された。さらに2009年には国の「歴史まちづくり法」による歴史都市認定を受け、関連した伝統的文化行事の動態保存にも一層の自助努力がなされている。城と中心街、寺院と町家、広見と小路、緑の景観文脈も綿密に保全されている。景観基調色は市民が是とする木色（もくじき）、焦げ茶色、朽葉色が色彩譜として推奨され歴史都市金沢を奏でている。

「心映え」が促す循環型社会（色彩作法）

　もう一つのつなぎの価値は心映えといわれる住まい方の記である。「心映え」は江戸論の碩学、越川禮子氏著『江戸の繁盛しぐさ』の「街の色は市民の心映え、しぐさの結晶である」によるが、"街の色は市民の心が映じたもの"とはまさに都市が循環的作法でつながっている証しであろう。このコトを金沢市では加賀藩以来の集積した美術文化を背景に市民共有の情報として活用すべく諸策を講じてきた。1990年には「まちづくり専門員制度」を設け、金沢美術工芸大学など地域大学の教員が兼職し現在も行政、市民と協働している。また、全国展開の企業にも屋外広告物の色彩を金沢の景観に馴染むよう要請し、企業市民のコトとして定着した。最近では子供と色彩景観の環境調査や、国が推奨する青い自転車道路と金沢に調和する茶系色の比較検討でもその心映えを問うている。

山岸政雄

5章 コトがつなぐデザイン

価値
関係のデザイン

1：事例1／晴海通り
　［東京・銀座］
2：事例2／交差点ゲート
　［東京・西新宿］
3：事例3-1／博多駅博多口　駅前広場舗装デザイン（個性化のパブリックデザイン）
4：事例3-2／博多駅博多口　駅前広場共架柱デザイン（秩序化のパブリックデザイン）

5-3　価値…関係のデザイン

パブリックデザインは「関係のデザイン」

　パブリックデザインは、感性価値形成のための関係のデザイン「人、モノ、コト、場の魅力的で最適な関係をデザインする実践的方法」の一つである。私たちの生活を支える街の街路、公園、施設などの公的空間（パブリックスペース）は、利用者にとって魅力的な様々な要素が用意されることによって快適な場を提供している。快適な場を形づくるためには、パブリックスペースの多様な要素の秩序化と個性化の方法を検討する必要がある。秩序化のためには、例えば街路灯や道路標識などが街路に無秩序に設置された諸要素を整理することから始めなければならない。日常見慣れている街には多くの整理すべき課題がある。個性化のためには、例えば街路の環境特性に合った性格づけを行い、その性格づけから必要とされる要素を選び出し、要素相互の協調したまとまりのある魅力を導き出すことが求められる。要素の一つひとつがいかに優れたデザインであっても、要素相互の調和がとれていない場合は、ちぐはぐな街のデザインとなる。そして重要なことは、個性化のためには、秩序化が欠かせない前提条件となり整理された環境の中で初めて個性的で魅力的な場を形づくることができる。

　パブリックデザインは、機能的整理の「秩序化」デザインと感性的魅力の「個性化」デザインの関係のデザインといえる。「秩序化」と「個性化」の適用方法には、計画対象の環境価値の形成との関係をデザインすることになる。環境価値には「空間」「情報」「時間」価値サイクルが存在する。計画対象の環境特性を読み取り三つの環境価値のサイクルのいずれの方向に秩序化と個性化を適用するのかが、パブリックデザインとなる。

秩序化と個性化のパブリックデザイン事例

　1980年代の東京都のプロジェクトを例に説明すると、左頁の事例1の晴海通りは、有効幅員確保の空間価値から乱立する標識類の整理の情報価値に秩序化のベクトルを向け、銀座の昼と夜の通りの時間価値を表出する街路灯に個性化のベクトルを与えたデザインとなる。交差点内の諸機能（照明、信号、標識など）を集約した事例2の新宿の交差点ゲートは、情報価値から時間価値に集約という秩序化を適用することで、交差点をシンボル（個性）化した空間価値を形成した事例である。最近の筆者のプロジェクトにおいても、利用空間確保のための機能面での秩序化と地域性・場所性を反映させる感性面での個性化の方法を適用して、秩序化と個性化の双方のバランスで三つの環境価値づけを行っている。事例3の九州新幹線開業に向けて再整備された博多駅博多口駅前広場では、福岡・博多の双子都市の個性をグラデーションの広場舗装の空間価値に表現(3-1)、秩序化した情報・時間価値を照明・信号・標識の共架柱(3-2)にデザインした。

森田昌嗣

5章　コトがつなぐデザイン

価値
心地よい交歓イベントのデザイン

1：八剣山と発見隊の活動
2：さくらんぼ祭り会場風景
3、4：イベント風景

5-3 価値…心地よい交歓イベントのデザイン

農業地域での交歓イベントのデザイン

モノからコトへの時代といわれるが、コトから生まれる価値について、札幌市近郊の小さな交歓イベントを通して考えてみたい。札幌市は「好きな街」、「住みたい街」との評価も高い。理由の一つとして市街地を囲む自然の豊かさが挙げられるが、一方、周辺の農業地域では、都心からわずかの距離にも関わらず不法投棄や耕作放棄地、高齢化や離農、過疎化など様々な課題を抱えている。こういった状況の中で、2002年3月に自然体験など交歓イベントを行う任意団体を結成した(八剣山発見隊)。

「よそもの、わかもの、ばかもの」の力

地域振興にはよく「よそもの、わかもの、ばかもの」の三つの力が重要といわれる。八剣山発見隊(隊員数約40名)は、ボランティアの学生「わかもの」の力を借り、何かやりたい「よそもの」や「ばかもの」たちが、地域のシンボルである八剣山周辺の豊かな地域価値を掘り起こす様々な活動を行ってきた。具体的には、リンゴとさくらんぼの花見会、ごみ清掃、イチゴの残果の整理、さくらんぼ祭り、飯寿司づくり、そば打ち体験、剪定講習会等々である。これらの活動が続いてきたのは、この地域ののんびりした風景の魅力、隊員が持つ農業者と交換したい強い気持ち、個々の活動企画の自由性、参加に強制力が全くないことではないかと考えている。

さくらんぼ祭り

活動の中で毎年7月上旬に行われるさくらんぼ祭りは最大規模のイベントである。2011年には10周年を迎え、多くの参加者(一日約3000人)が集まるお祭りに成長した。運営体制は70人程度で、予算も少なく40万円程の自給自足体制(景品は農家や温泉施設からもらい、大きな支出は駐車場警備員費用と弁当代)である。来場者に対してアンケートを実施したが(2010年)、満足度4.3(5段階評価、n=118)で、「美しくのどかで自然な雰囲気が良い」、「参加型のイベントが楽しい」といった声が聞かれた。その理由としては①食事、②小動物とのふれあい、③種飛ばし、④楽しい雰囲気が挙げられた。またボランティア参加のステージショーや人気の種飛ばしの他、会場の農家で育てたアヒルレースも評判が高い。参加者の半数は50代、60代のリピーター、残り半数は若い世代の家族連れ、初めての方という特徴がある。興味深かったのは、この祭りを知ったメディアがクチコミ39.7%(n=63)と多く、マスコミは14.3%と少なかったことである。今後は農作業体験や農家との触れ合いといったコトと農産物などのモノのデザインを複合化し、地域を訪れるリピーターの「交歓度」アップが課題である。

吉田惠介

5章　コトがつなぐデザイン

価値
「水都」が生み出す大阪の魅力

1：道頓堀川とんぼりリバーウォークの夜／2：中之島剣先公園から大川を臨む
3：中之島BANKSより堂島川とほたるまちを臨む／4：堂島川イベントに登場した人気ラバーダック

地域の価値を高める

　地域の人の魅力、モノの魅力、場の持つ力、時の変化の価値を高めていくものが「コト」であり、そのつなぎ方のデザインが、その価値を左右する。

　大阪の街中には今も多くの川が存在し、昔から川を活用した生活が営まれてきたが、近年の車社会への移行で川も道路として埋め立てられ、水辺は人々の生活から遠ざかってきた。これを再び活かすことで、その昔「水の都」と呼ばれたまちの生活を蘇らせるために、2003年、行政と財界と専門家により、「水の都・大阪再生構想」がまとめられた。

　現在大阪では、「水都」と呼ばれる「コト」の活動が、川周辺のハード整備から、川を活用した舟運などのソフト事業まで様々に展開され、都市環境としての総合的な魅力が高まりつつある。「水都」の事業では、市の中心部を流れる道頓堀川に、2004年より順次整備している遊歩道「とんぼりリバーウォーク」の設置がある。コンペによりそのデザインを決定した戎橋（えびすばし）など、いくつかの橋の架け替えという「モノ」の魅力を高めることで、環境の質を高めている。また地域の協議会が、遊歩道上のイベント利用などの民間活用を、協議の上で許可を出し、水辺の空間を積極的に活用する仕組みを作っている。当初、川側に背を向けていたビル群も、新たな出入口を設け、その表情が変わりつつある。2009年には中之島公園を中心に、水都大阪2009のイベントが開催され、その後、敷地の再整備による水辺のレストランなどで積極的に地域の魅力を引き出している。天満橋にある八軒家浜は、古くは熊野参詣の起点として、江戸時代には三十石船到着点として栄え、いわば「場の力」を持ったエリアである。ここでは船着き場を整備し「川の駅」と称する水辺の活動拠点や、護岸の遊歩道整備などのデザインが地域の質を高めている。

「水都」という「コト」が大阪の「人」をつなぐ

　北浜の川辺では、その昔、天神祭で出される船に、岸辺からご神酒の受け渡しをしたという。その習慣を再び実現したいと川岸の店主が、川側に床を設けた。思いの同じ人々がつながり、河川管理を担う大阪府の思いにつながり、2008年より大阪の川床「北浜テラス」が、数軒のお店で始まった。川の広い空間を楽しむ新たなデザインとして、人々を今も魅了している。「水都」というコトを通じて、人がつながった出来事だった。川辺は都市の自然空間として、四季や一日の光の変化でその表情を変えていく。「水都」とともに広がる、水辺のライトアップ事業がある。橋や船着き場、川岸の桜並木や水面に映り込む護岸が、デザインコンペと、最新技術の実証実験で、新たな夜の魅力を高めている。放っておくとバラバラになりかねない、都市の人、モノ、場、時、という要素をつなぎ、大阪の都市の価値を高めているものが「水都」という水辺を楽しむ「コト」である。

藤本英子

5章　コトがつなぐデザイン

参考資料

106 ページ　　慶應義塾幼稚舎 100 周年記念棟ピクトグラムサイン　デザイン：太田幸夫
　　　　　　　ワシントン国立動物公園案内サイン　デザイン：ランス・ワイマン

107 ページ　　MOBAC 2009 展示ケース　撮影：KOHEI KISHI
　　　　　　　ケーキショップ　撮影：牧野剛士

114-115 ページ　「官学共同研究・戸吹スポーツ公園サイン計画」は八王子市より多摩美術大学が 2009 年度に「公園サインシステム計画等委託業務」の依頼を受け、官学共同研究として取り組んだ。本研究参加学生は多摩美術大学美術学部 PBL 科目「スポーツ公園サインシステム計画」受講生。採用されたデザインは、グラフィックデザイン学科　高美満理、鈴木美希による。

120 ページ　　晴海通り(東京・銀座)　設計：(株)GK 設計、撮影：(株)GK 設計
　　　　　　　交差点ゲート　設計：(株)GK 設計
　　　　　　　博多駅博多口駅前広場舗装デザイン　2011 年度グッドデザイン賞　撮影：内藤正美
　　　　　　　博多駅博多口駅前広場共架柱デザイン　2011 年度グッドデザイン賞

122-123 ページ　「農業地域におけるイベント開催の評価と課題：第 58 回日本農村生活学会研究大会」
　　　　　　　吉田惠介(2010)

124-125 ページ　道頓堀川とんぼりリバーウォーク　道頓堀川遊歩道、橋梁デザイン検討委員会(大阪市)
　　　　　　　委員：藤本英子
　　　　　　　中之島公園　中之島公園再整備基本計画検討委員会(大阪市)委員：藤本英子
　　　　　　　中之島水辺協議会(大阪府)　アドバイザー：藤本英子

出典

113 ページ　　※1　C.アレグザンダー著、平田翰那訳『パタン・ランゲージ』 鹿島出版会、1984 年

6章　つなぎ方のデザイン

つなぎ方のデザイン　はじめに

6章　つなぎ方のデザイン

「つなぎ方のデザイン」とは、人・モノ・場・時・コトに共通するデザインの関係のさせ方であり、環境デザインの方法論である。

つなぎ方

「つなぐ」は、ここではデザインに関わる様々な専門の領域をつなぐことをいう。各領域の専門性や言葉の理解などに始まる学際的で総合的な方法論であり、諸項目の関係のつけ方である。そのため、何のためにつなぎ、どのようにつなげるのかが重要になる。つなぎ方とは、様々な領域を関係づける目的や方法の持ち方と言い換えられる。

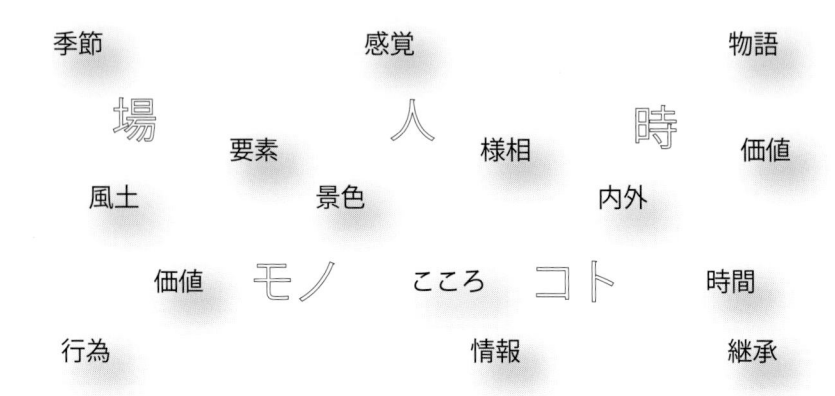

```
        季節              感覚                物語
      場               人              時
        要素           様相              価値
      風土           景色            内外

        価値   モノ   こころ   コト    時間
      行為              情報             継承
```

人・モノ・場・時・コトのつなぎ方の共通性

環境デザインは「人・モノ・場・時・コト」の快適で心地よく美しい関係づくりである。「人・モノ・場・時・コト」は、環境デザインの基本的な観点で、それぞれ「人＝こころ、感覚、行為」「モノ＝要素、様相、価値」「場＝風土、景色、内外」「時＝継承、季節、時間」「コト＝物語、情報、価値」などと多くの視点を内包している。それら観点や視点は共通して、互いに関わりながらデザインを方向づけて具体化していき、結果としての快適性や心地よさ、美しさなどをつくる。

様々な領域を関係づける目的や方法を持つ際に、観点や視点の関わり方は、ある時は一つが主体になり、またある時はいくつかが相互に結びつくなど、デザインの対象が抱えるテーマや課題などに合わせて幾通りもありうる。そのため、結果としての質は、最適解を求めるデザイナーなど関係者の素養によるところが大きくなる。それは、テーマや課題の抱え方からそうで、何を選択してどのように関わらせるかもこれに左右される。関係者の普段の姿勢・思考・実行が大切になる。

はじめに

環境デザインの方法論

　環境デザインは、特定のデザイン領域を表しているのではない。その方法論は、様々な専門の領域で培った企画・構想や計画、設計などを進める力を他の領域でも活かし、そこに共通する観点や視点を見出し、関係づけて目標に近づくデザインの仕方である。それは、固定しているのではなく、各領域の知識や方法論を活用して新しいあり方や解決法などをその都度つくり出すことが求められる。いずれかの領域で深めた力と他の領域へ広く関係づける力が共に求められる。

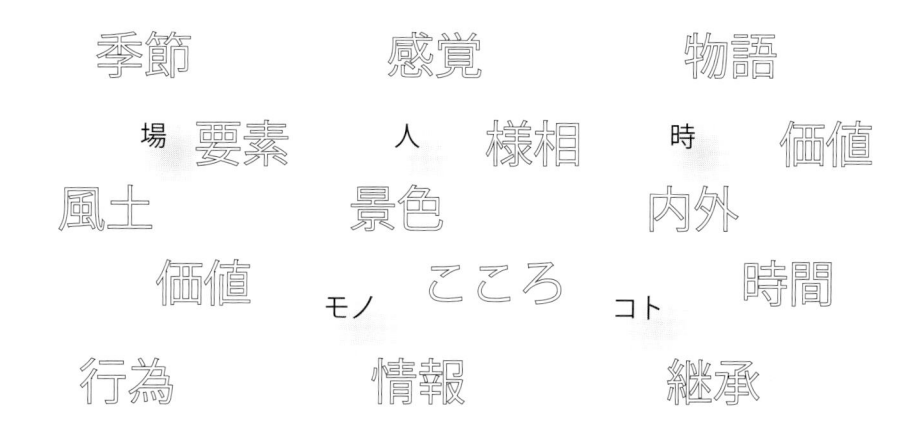

```
        季節          感覚              物語
    場  要素      人      様相      時      価値
    風土        景色          内外
        価値    こころ              時間
            モノ          コト
        行為        情報          継承
```

取組み方、考え方、行い方

　デザインするには骨格となる概念や理念などが不可欠であることはいうまでもない。これらは、デザインの基本的な方法論であり、デザインコンセプトやデザイン哲学などとして位置づけられ、そのデザインの目的や方法などを決める。それは環境デザインにおいても同様である。

　その上で、環境デザインの方法論―つなぎ方のデザイン―としては、いわば方法論のための方法論として、ここではデザイナーなど関係者が持つべき観点や視点として「取組み方＝心構え、感性、美意識」、「考え方＝文脈、分析、仕組み」、「行い方＝設え、調和、可変」を取り上げている。前章までの「人・モノ・場・時・コト」を横断的にとらえてもいる。

　次頁に、各執筆者が自ら携わる作品や計画、研究の事例などの中から具体的に見出した概要をまとめる。

つなぎ方のデザイン

はじめに

6章　つなぎ方のデザイン

6-1　取組み方

　取組み方の視点「心構え」「感性」「美意識」は、環境デザイナーが持つべき心の持ち方、姿勢、意識などの様々な意味を含んでいる。

　「環境デザインは完成しない」とは、つくりすぎないようにする心の持ち方である。モノも空間も、その後に改変の余地を残しておくことが大切で、後の時間の経過を意識した、時代や周辺環境の中での変化の受容が求められる。これらは、民家における柱梁の構造と生活に合わせた使い勝手の関係、伊勢神宮の式年遷宮にみる仕組み、西芳寺の庭園から得た新たな美などに見出すことができる。

　「感性を価値づける」とは、環境デザインの現状を是正する姿勢である。デザイナーには、創造力を発揮してイメージから現実を創出するような感性が大切である。しかしながら、多くの関係者にとっては、相互の理解が優先されるなどあって、言語化や論理化などに重きが置かれ、個人の感性は軽視されやすい。判断基準はデータなどに偏重している。これを是正するには、関係者がそれぞれなりに感性を価値づける必要がある。

　「美意識を育む」ことは、場所性や地域性、文化、芸能などあらゆる事象に反映されることから、環境デザインの根本である。美しいと感じる意識は、天性で備わっているだけでなく、教育や知識、体験など、日常生活で育まれる。特に公共のデザインを決定する場合は、対象が不特定多数であるため大多数の合意による決定が図られることから、その国の人々の美意識が反映されやすい。

6-2　考え方

　考え方の視点「文脈」「分析」「仕組み」は、環境デザインにおける思考の押え所として挙げている。

　「文脈を読む」とは、形態の記号作用などを通して意味の体系を考える視座なども備え、深層構造と表層構造を見極めて法則性などを明らかにすることである。何事も表面的にとらえるのではなく、その意味するところを深く考えることが必要だ。様々な事項が関わる環境デザインにおいては特に必要となる。モノや空間の間にある関係性や法則の探求、対象の意味の設定、読み取りなどが求められる。

　「相互の関係の読み解き」は、環境デザインにおける分析の基本である。対象を再構築などする中で、性質の異なるものどうしが接し合う境界に注目し、接点に加えられたデザイン上の工夫を観察する。つくられた結果からつくるための意味と関係づけなどを読み解く。それは、例えば俗界と浄域、海と陸、屋内と屋外などとして、本来私たちが持ってきた考え方でもある。

はじめに

　「仕組みづくる」は、環境デザインを進めるに必要な人的ネットワークである。それには、様々な専門家や研究者、企業や自治体の関係者などの、相互に尊重し合う組織や団体などが貴重な財産となる。場の変換として道づくりがまちづくりに広がったこれまでもそうで、これからは、次なる枠組みを求めて、関わる人の考えと発言、行動を一致させる生き方そのものも重要になる。

6-3　行い方

　行い方の視点「設え」「調和」「可変」は、環境デザインをするにあたっての具体的な方策の例である。

　「しきりつつ、つなぐ設え」は、効果があり多様なデザインが見られる。設えは意図を持った道具立てを意味するが、例えば日本の伝統的な家屋における深い軒や縁側、障子などでは、しきりながらも人の心のつながりを感じる、内外部の意識の通じ合いを意図している。それは海外のオープンカフェなどにも見て取れる。内外部の境界におけるしきりとつなぎ方は、環境デザインの規範となる方策である。

　「時空との調和」は大局的な観点で、調和は、全体がほどよくつりあって矛盾なくまとまっている状態などを意味し、環境デザインを行うにあたってまず取るべき方策といえる。モノと空間はもちろん、自然と人工、有形・無形、実在・概念など、対象のまとまりを明らかにして、整ったバランス良い状態にする。時の変化と調和することは遠い将来を予見しなくてはならず、コトの調和には意味の共有と想いの連鎖が必要になる。

　「融通無碍の可変性」は、そもそも私たちが自ら行っていた、必要に応じて自在で何ものにもとらわれない、日々の暮らし方である。デザインは豊かさや個人の重視を先導してきたが、今は先が見えにくくなっている。昔の生活に戻れず、今の生活を手放せない中、環境デザインを行う際しては、それを見つけ直して今に活かせば、幸福の実感も増すのではないかとしている。

杉下　哲・清水泰博

6章 つなぎ方のデザイン

取組み方
環境デザインは完成しない

1：桂離宮の古書院、中書院、新御殿：次第に増築され、つなげられたかたち
2：風雨が仕上げを施した知恩院御影堂の外廊下
3：20年ごとに建て替えられる伊勢神宮：古い社の左に建設されつつある新しい社
4：時の流れの中で"苔の庭"につくり替えられた西芳寺の庭園

6-1 取組み方…環境デザインは完成しない

　デザイナーであれ建築家であれ、自分が信ずるところの造形を極めるのが仕事となるようなところがあるのだが、つくったものが年月の経過の中でしっくりこなくなることもある。そのために建物はスクラップ＆ビルドなものとなり、モノは消費されるだけのものとなってしまうことも多い。それはデザインの本来の意味ではないのだが、高度成長期以降、日本では「使い捨て」が当たり前のようになってしまった。だが、成熟化を求める時代となってはその姿勢も改めなくてはならない。「つくりすぎないこと」、それは環境デザインにとって重要である。空間を完璧に作り過ぎてしまうと改変がしにくくなり、後は時代変化の中で荒廃化が始まることも多い。常に空間が生き続けられるようにしておくこと、環境デザインの考え方では、そのような改変（リニューアル）の余地を残しておくことも必要である。時の流れの中でのデザインの進化を認めるためにも。

生き続けていくデザイン、古びてより良くなるデザイン

　多くのモノや建築もできた時点が最も良くて、その後はただ朽ちていくだけならば、その後を使い続ける人のためにあるデザインとして少しおかしい。だが多くの実状がそうなってしまっている。長い歴史を参照してみれば、例えば日本の民家がなぜ長い年月を生き抜いてきたのかを考えてみてもいい。これは稲次敏郎先生の説だが、民家は柱梁の枠組みだけを構造体としてつくっていて、生活に合わせた使い勝手の部分は、時代変化の中で改変が容易だったことが一因であるとされている。同様に古びて味が出るような素材やモノもある。そしてそれらが最終的にはサスティナブルデザインといえるものなのだろう。これからは時間の経過を意識したデザインこそが必要なのだ。

作り替えながら残していくデザイン、変化を受容するデザイン

　伊勢神宮には式年遷宮という仕組みがあり、20年ごとに建物を新たにすることが1300年以上前から行われてきた。それは技術を後世に伝承していく意味でも重要だったのだが、そのような時を越えて作り替えながらかたちを伝承していく方法は興味深い。それは木造文化ゆえかもしれないが、そのような時の流れを意識した造形が日本には多くある。室町時代の西芳寺の庭園も元は苔などのない回遊式庭園だったようだが、それが後に次第に荒廃していった。その時日本人は、次第に苔むす、古びた中に新たな美を見出した。このような時代や周辺環境の中での変化を受容するような手法、それも環境デザインの本質だろう。この庭では今もその新たに見つけた美を留めようという管理がされている。時代の流れの中で環境デザインは完成していく。もしかしたら、永遠に完成しないのが環境デザインの考え方なのかもしれない。

清水泰博

6章　つなぎ方のデザイン

取組み方　感性を価値づける

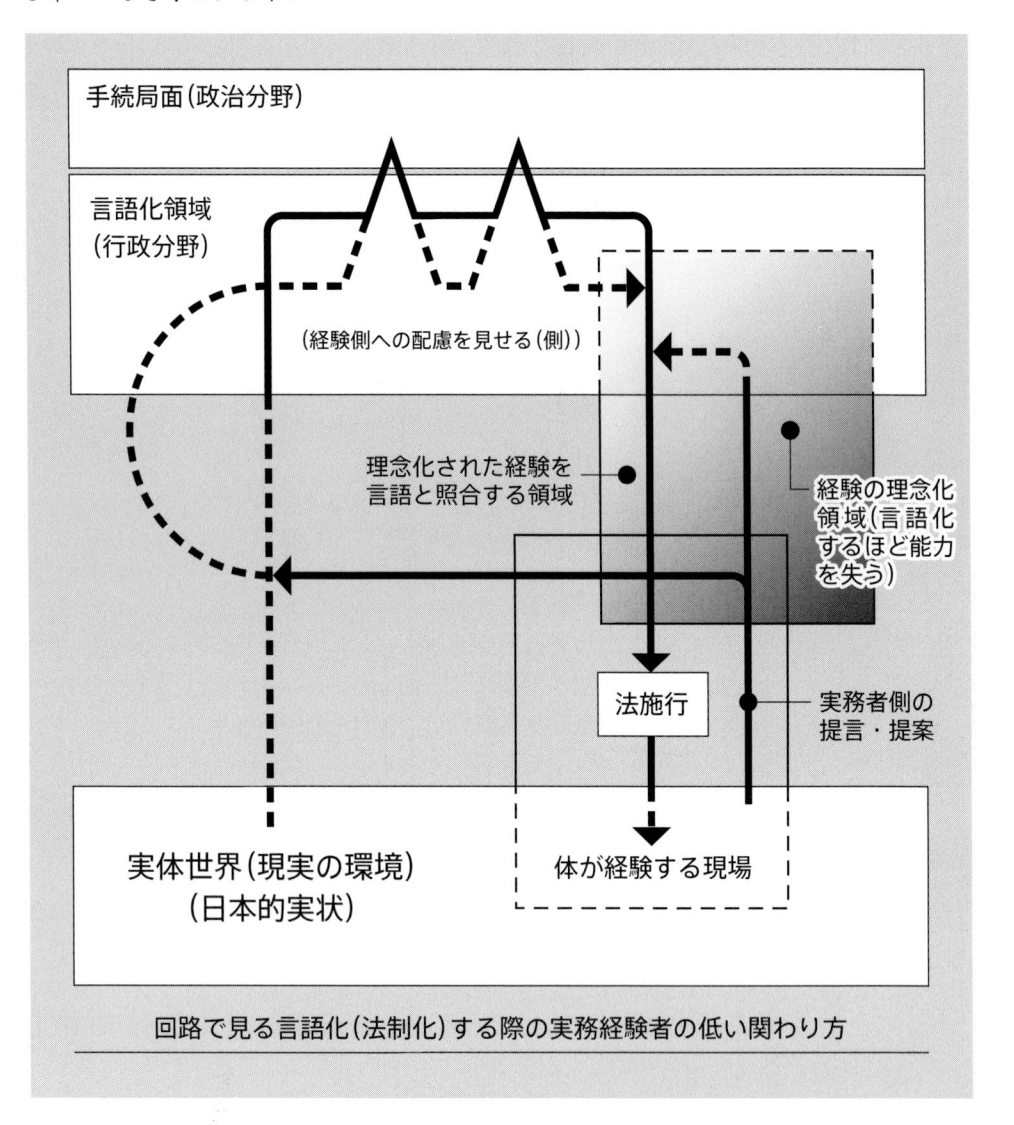

- 手続局面（政治分野）
- 言語化領域（行政分野）
  - （経験側への配慮を見せる（側））
- 理念化された経験を言語と照合する領域
- 経験の理念化領域（言語化するほど能力を失う）
- 法施行
- 実務者側の提言・提案
- 実体世界（現実の環境）（日本的実状）
- 体が経験する現場

回路で見る言語化（法制化）する際の実務経験者の低い関わり方

6-1 取組み方…感性を価値づける

　環境デザインには「つなぐ」問題がある。ここでいう分野はコミュニケーションで、その発信者、受信者の感じ方や評価の仕方を問題とする。人は自分の知識と経験を頼りに問題を討議し次のステップを模索しつつ表象を決定するが、現実には、決定のための方法や美観のありどころを含め、この決定は行政や民間事業者の価値判断に委ねられている場合が多い。

育てられなかった個人の感性能力、結果としての専門性軽視

　環境をかたちづくる要素は、視覚的なものばかりでなく、五感に触れるあらゆる要素が関係し、さらにはその風土性（土、風、光、水、緑など）や都市化の問題（エネルギー、交通、物流など）が重なる。データ的要素も多く整理も必要だが、感性的な判断でしか選択できない要素も少なくない。しかし、一般に考えられているデザイン決定の要素とは、データ分析（住民意見の集計結果やコスト分析などの数字）、科学的な実証（実験などで確かめること）、言葉による論理（法の解釈などから説得力まで）、他の事例を示す必要などである。これらが行政や企業の政策・企画内容や行政・経営判断の決定要因とされている。それは経済コストの大きい物件や社会的な影響などが大きくなればなるほど、さらに重要になると考えられる。これらは、データばかりを信頼したり、安全・安心などの技術的必要条件の充足だけで満足するなどして、環境の現場が持つ力―例えば、ある位置から見た場合が特に美しいとか、さらには「地霊」（ゲニウス・ロキ）の声を感じ、それを表現したいなどという判断―を評価しにくい傾向を生み出しやすい。他方で、視覚化を軸に環境デザインを考える専門家は、一般にこれらの分析的な考え方を深く検討することに弱い面もある。絵画やデザインの基礎などを通して専門化されただけの感性的判断では、言語や数理などの論理による説得力に及ばない。そうなったことについては、日本の教育と行政の姿勢が創った影響が大きく、現在までの義務教育で感性面の教育が、大学受験上、暗記と理数系知識が優先される中で軽視されてきたことに大きく関係する。

必要条件満足だけを越えるために

　専門家の経験や感性を集めた判断を軽視するやり方は、やはり配慮不足であり、できるだけ感性的な判断を組み込んでいくよう変革していく必要がある。このような状況を知った上で、条令を施行したり意見書をまとめる際に、表象の決定が難しくなる対応手順を示したのが左図である。民度としての若者の美的感性は向上してきているが、新しい環境デザインを創り出すデザイナーは、実証しにくい分だけ、意に沿わない表象の決定にならぬよう、説得への新たな方法や努力が求められている。

　　　　　　　　　　　　　　　　　　　　　　　　　　　　　　　大倉冨美雄

6章　つなぎ方のデザイン

取組み方

美意識を育む

1：ありよう（桂離宮）
2：あり方（桂離宮）
3：祇園祭（京都）

感性

　美しいと感じる感性は、天性で備わっているだけでなく、教育、知識、体験などで育まれる。とくに美意識は日常生活で育まれるといわれ、感性豊かで美意識に鋭いといわれるフランスやイタリアの人々の日常でのエピソードは枚挙にいとまがない。フランスでは小学生1年生の入学時に36色の絵の具や色鉛筆が支給される。それに引き換え日本では12色の絵の具配布である。多ければ良いということではないが幅や奥行き深さが異なる事例である。美意識を日常で感じる時の要素は色彩や形体に重きが置かれているが、しぐさや振舞い、住まい方やライフスタイルなどにおいても評価の対象となっている。近年は、公共空間のデザインにおいて美意識の相違から色彩や形体での論争の種になる事例も多い。

日本人の意識

　公共のデザインを決定する場合は、対象が不特定多数ということから、大多数の合意による決定が図られることから、その国の国民の美意識が反映されることが多い。日本において美意識が想定されるキーワードは数多い。ありよう、あり方、見せ方、設え、構え、みえ、ハレとケ、陰と陽、様式、伝統、本音と建前、対称と非対称、数寄屋、景色などが典型的ワードとして挙げられる。これらのキーワードの中でありよう、設え、構えなどの典型が桂離宮であり、ハレとケの典型が日光東照宮と奥の院や京都の町家である。とくに京都の町家にみられる日常と祇園祭の様相の違いは誰もがハレとケを実感できる。また、東照宮の絢爛豪華な設えとそれと対照的な大猷院(たいゆういん)は、日本人の美意識の両翼を垣間見ることができる。

新たな創造

　伝統に培われた日本の美意識は、グローバリズムの中で国際評価が高まり、再評価されることが多い。とくにサスティナブルな社会への移行はそれを助長する機運である。自然環境との融合は美意識の根底にあり、場所性や地域性、文化、芸能なども再認識されることによる新たな創造が生まれる。またモノを創る匠の技や感性は美意識の根底を支えている。多くの事例の紹介の中でも匠の技による継承があってこそなり得ている。選択される素材、様々な加工技術や道具、伝承される知恵なども、環境デザインからの美意識を語る上でも重要な視点である。

長谷高史

6章　つなぎ方のデザイン

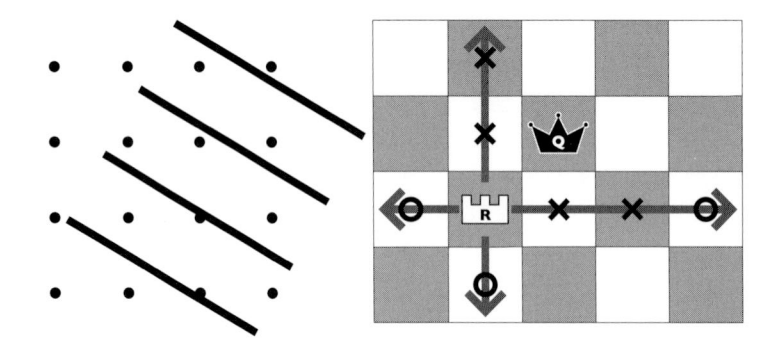

考え方　文脈を読む

2　　　　　　　　　　　　3

1：点が並ぶと人はそこに線があるように認識する
2：点が示唆する正方形と線が示唆する正方形
3：チェスは勝利を目的として次の一手が決定される

意味の体系としての形態

　形態を考える時、デザイナーは自由に発想して形態を決めているわけではない。数多くの条件によって制約を受けることも当然であるが、モノとモノとの関係から発生する法則性によっても制約を受ける。この法則性について、言語学からのアプローチによって形態間の文法ととらえることができる。このような考え方は、1970年代後半から起こり、その後のポスト・モダニズムの潮流を生み出した。この潮流は「ポストモダニズム」と言えるほどの確固たる主義を生むには至らなかったが、形態の記号作用をとらえ、形態を意味の体系と考える視座を作ったことは、後世に大きな影響を及ぼしたといえよう。

モノの内と外に存在する意味の体系

　意味の体系は、認識される対象である「モノ」の内と外の両方に存在する。例えば、干潟に打たれた杭によって安全な航路が示されている例(写真1)では、「杭」という点が複数並ぶことで1本の曲線が形づくられている。この時、一つひとつの「点」というエレメント間の関係性が「線」を認識させていることに他ならない。この認識はアプリオリ(先験的)なものであり、外部に参照体系を持たず、「モノ」の間に存在する関係性の法則に内在する体系に依拠している。一方、この「線」を越えることが「座礁の危険にさらされる」意味を持つことは、経験的に得られる知識や慣習、すなわち外在する体系を参照しなければ認識できない。

関係性が生み出す「ルール」

　このような「モノ」の間の関係性の法則に焦点を当て、既存の意味作用を消去し、自己参照的記号の中での意味生成を試みたアメリカのピーター・アイゼンマンをはじめとする建築家もいた。彼はエレメント間の関係性によって構築される体系を深層構造(図2)と呼び、すべてのエレメントは深層構造によって生み出された法則性によって変形が決定され、表層構造を形成していくと考えた。変形のプロセスは一貫性のある秩序に則って累積的に展開する。この変形プロセスはチェスと同様の操作である。「ルール」という「法」に従って「勝つ」ことを目指すのがチェス(図3)であり、「統一」を目指すのが変形プロセスである。また、同じくアメリカのウィリアム・ミッチェルは建築には形態文法が存在するとして、言語学的な統辞分析を形態操作時の文法として明示しようと試みている。ヒトが無意識のうちに行う行為をブラックボックス化するのではなく、そこに隠れている法則性を明らかにしていくことは学問の基本姿勢である。これによって明らかにされるヒトのモノの認識の仕方は、環境デザインの領域を越えて様々な分野に影響を及ぼすだろう。

近藤桂司

6章　つなぎ方のデザイン

考え方　相互の関係の読み解き

モノの認識の仕方は，環境デザインの領域を越えて様々な分野に影響を及ぼすだろう。
1：法然院山門と白砂壇［京都市］／2：法然院の白砂壇［京都市］／3：和多都美神社の海中鳥居［対馬市］
4：和多都美神社の鳥居群［対馬市］／5：明月院の円窓［鎌倉市］／6：明月院の後庭園［鎌倉市］

「つなぎ方」の分析

「つなぎ方」を分析するためには、「人」「モノ」「場」「時」「コト」の相互の関係に注目することが必要である。例えば建築と庭園における「屋内と屋外」の関係や、都市と建築における「公的空間と私的空間」の関係など、「場」の性質や役割などに基づいた関係を探すことができる。こうした相互の関係を読み取ることが「つなぎ方」の分析の手がかりとなる。次に、性質の異なるものどうしが接し合う部分に注目し、そこに加えられた作者のデザイン上の工夫を観察することが必要である。作者は、性質が異なる両者の関係について、独自の解釈を行い、関係づけが重要であると判断した場合には、接点に意味と演出を加えているはずである。

「人」「モノ」「場」「時」「コト」が抱える意味や相互の関係と、接点に表現されたデザイン上の演出を照らし合わせることで、「つなぎ方」に対する作者の意図に近づくことができる。「つなぎ方」に込められた作為を明らかにするためには、創られた結果を、創るための意味と関係づけから読み解くことが必要である。

「つなぎ方」の分析事例

写真上段は、京都市法然院の白砂壇である。山門の内側に築かれた白砂壇は、俗界と浄域という性質の異なる空間をつなぐ位置にある。浄域に至るためには、心身の準備が必要であり、園路両側に配置された白砂壇は水を表して、本殿に向かう人々を清める役割を果している。白砂壇は、山門を潜った人々の視線を引き付け、造形の意図や表面に刻まれた文様の意味を考えさせる。思考を求める白砂壇は、浄域に対して意識を鋭敏にさせる働きも窺える。限られた広さながら、白砂壇の作者は、俗と聖の「つなぎ方」に浄化を表現するとともに、意識の切り替えを期待したのではないだろうか。

写真中段は、対馬市和多都美神社の海中鳥居である。社殿から浅茅湾にかけて、陸上に2基、水際に1基、海中に2基の鳥居が直線上に配置され、陸と海をつないでいる。5基の鳥居によって軸線と連続性が強調され、見る者には参道が海中まで続く印象を与えている。和多都美神社では、神は海から上陸したとされる。陸上から海中に至る5基の鳥居は、神社と海との関係に注意を促し、伝承を暗示する「つなぎ方」を示している。

写真下段は、鎌倉市明月院本堂の満月窓と呼ばれる円窓と後庭園である。円窓は、悟りの心を表すといわれており、満月窓は禅宗寺院としての性格を表現しつつ、屋内と屋外の両空間をつないでいる。満月窓は、後庭園の景観を円形に切り取り、絵画のような姿に変えて本堂と後庭園をつなぐ役割を果している。円窓は、本堂と後庭園の両者の価値を高める「つなぎ方」を実現している。

渡辺康英

6章　つなぎ方のデザイン

考え方

仕組みづくる

1、2：道づくり：太子堂小学校前緑道／世田谷区松ヶ丘小学校周辺道路
3、4：橋づくり：隅田川桜橋／旧中川公園橋
5、6：まちづくり：浅草ロックブロードウェイ／大田区蒲田駅東口広場・京急蒲田商店街

6-2 考え方…仕組みづくる

場の変換に向けて

環境デザインにおいて道づくりは、「歩きたくなる道」に始まり、人の道、車の道、生活・商いの道などの言葉を加えて、テーマ設定されてきたように思う。さらには、二つの空間をつないで新しい場をつくる橋づくりなどもそうであろう。今日では、道づくりからまちづくりへ広がり、オープンスペースとしての「場の変換」に向けて、新たな意味や役割を持つに至った。その中、環境デザインを行う仕組みとしては、住民や生活者、自治体の担当者、から設計・施行・管理までのプロセスにおいては、それぞれの主義主張は強調から協調へと言葉を変える。

異領域間の仕組みの中で

環境デザインは、自然や歴史、人に学ぶことを念頭に、生活環境の豊かさや都市環境の魅力とは何かを考え行うことである。それは、"環の広がり"と"境のつながり"を求め、異分野・異領域間の交流を通した活動ともいえる。その活動は、筆者の関わりを例で言えば、日本デザイン学会や土木学会、環境芸術学会などの学会、公共の色彩を考える会や環の会、都市環境デザイン会議、NPO法人景観デザイン支援機構などの団体で行われている。そこでは、様々な専門家や研究者、企業や自治体の関係者などの、相互に尊重し合う人のネットワークが貴重な財産となる。これは環境デザインを行う仕組みの根本でもあり、これによって組織を維持して活動を活性化させ、批判型ではなく提案型の組織体制を目指すことができる。

次なる枠組みを求めて

デザインにおけるパラダイムは、ユニバーサルやカルチャー、グリーン、セーフティなど、多面的にシフトしている。その過程の中で環境デザインは、例えば公害問題としての環境への関心が生活や生産・生存の場としての環境を考え続けることに展開するなど、時代に飲み込まれることなく冷静であり沈着である。例えば、世界デザイン会議(1974年)における「つくらないこともデザインである」という考え方は、その立ち位置を明確に表している。現在は、2006年に施行された「景観法」を視野に入れ、パブリックデザインとしての理解を改めて求められようとしている。これからの環境デザインは、次なる枠組みを求めて、地域連携による可能性の観点から環境の保全・育成の創出へのまなざしと手立てを探る中、考えと発言、行動を一致させる生き方そのものを活動の課題としている。

横川昇二

6章　つなぎ方のデザイン

行い方　しきりつつ、つなぐ設え

1、2、3：住宅街のしきりとつなぎ
4、5、6：日本の伝統的家屋に見られるしきりとつなぎ
7、8、9：店舗空間へ誘うしきりとつなぎ

6-3 行い方…しきりつつ、つなぐ設え

住宅街のしきりとつなぎ

コンクリートブロック塀の続く道を歩いていると、何となく重苦しい気分になる。道沿いの住民が道行く自分を敵視しているような感じが嫌で、遠回りをして別の道を通る、と言う人さえいるほどだ。鉄製のしっかりした門扉も無用の人の侵入を拒むメッセージだろうが、その視覚的構成が開放的で、敷地内の舗石の間に育った緑が門扉の下から表にまで溢れてきているのを見ると、しきられているにもかかわらず、通りの人に対する住人の暖かい気持ちが伝わってくるようで、ほっとする。さらに、道沿いのしきりを少し引き込ませて道との間の空間に花を植えている様子や、竹で構成された昔ながらの垣根から敷地内の緑や花が顔を覗かせているのを見れば、しきられていながら、敷地内の人の心とのつながりが感じられてくるだろう。

日本の伝統的家屋に見られるしきりとつなぎ

住まいの内と外とをしきりながらつなぐ、という点で、日本の伝統的な家屋は実に巧みだった。深い軒によって雨や日差しの直接的な侵入がさえぎられ、その下の縁側では多様な生活が展開されていた。室内の畳敷きや板張りの床に坐っていれば、障子の和紙を通して外部の光のうつろいが微妙な表情の変化として感じられ、表で遊ぶ子どもたちの声を通して彼らの行動を把握することも可能だった。分厚い石摘みの壁に囲まれた室内で高みに穿たれた窓の鎧戸を通して外部を窺うという住まいでは味わえない、内外部の意識の通い合いが、そこにある。

店舗空間へ誘うしきりとつなぎ

もっとも、外部から明確にしきられた室内に住む国の人々は、街路や広場に展開するオープンカフェや露店を発展させ、そこでの飲食やおしゃべりや、道行く人々を眺めやることを通して、外部とのつながりを楽しんできた。最近の日本でも、店舗内に通行人を誘う方法の一つとして、店頭のデザインに工夫が凝らされるようになっている。例えば、店先に椅子やベンチを配置したり、内部をちらりと見せるファサード（表の壁面）にするなど、内外部の境界におけるしきりとつなぎのバランスの重要性が、改めて認識され、多様なデザインが見られるようになってきた。露地を挟んだ店舗どうしを連携させ、緑の日除けを設け、露地と店舗とを一体に感じさせている例など、まさに、しきりつつ、つなぐ効果が、多くの人を集めているといえるだろう。

清水忠男

6章　つなぎ方のデザイン

行い方
時空との調和

1、2：2009 ショーモン国際庭園フェスティバルコンペティション・詩の色［フランス］
3、4：酔魚亭
5、6：沖縄全戦没者追悼式会場・さとうきび畑

自然と人工の調和

　自然は生命の関係性、いわゆる生態系によって成り立っている。過去、農村は自然と共存し、生態系の一部を担うことで暮らしを作り上げてきた。人々が里山、棚田、山付き農家などの農村風景を美しいと感じるのは、農村が自然と人工の調和の中に安定した姿を見せており、そこに人の持つ安心感が反映されているからといえよう。それに対し、都市では、そのほとんどが人工物によって構成され、自然とのつながりは限られている。過去、庭園、公園、街路などの都市を構成する自然環境要素は、時代や地域の違いを反映した多様な姿として提案されてきた。そしてさらに、今日の環境デザイン分野では、循環、生態系、市民参加という「関係性のデザイン」へとその手法を変化させており、自然と人工の新たな調和が組み立てられているように見える。

変化の方向性

　古来、自然材の劣化は醜さを伴うものではなく、時が風合いを醸し出すものと理解されてきた。実際、民家は物質として劣化、拡散の方向に向かうのであるが、その美は熟成、凝縮の方向を維持し、時を経て趣を増す。ところが今日、こうしたエイジングの効果を生じない材料が少なくない。新建材の多くは最初の姿が最も美しく、後は時とともにその美しさを失っていく。いわゆる、その美も物質と同様に劣化への方向へと向かってしまうのである。ここに一つの問題が生じる。熟成するモノと劣化するモノが同居した場合、時がつくるそれらの変化に大きな隔たりが生まれることになる。百年を過ぎた長刃がけの梁の下で新しいシステムキッチンは同時性を共有できない。時（変化）と調和すること、これもまた「つながり」の一つとして遠い将来を予見しなくてはならない。

コトの調和

　「コト」のデザインとは、出来事の意味を見出し、その象徴性を表現することである。その一例を紹介したい。2007年、沖縄県は開催50回を期に、それまで菊花祭壇であった沖縄全戦没者追悼式会場のデザインを一新することになった。一般に、こうした社会性の強いデザインには、立場の異なる人々の合意を形成することが難しい。遺族会、県行政、県民のすべてが共通して感じうる「追悼と平和への祈り」をデザインへと昇華する必要があった。「戦時中、サトウキビで飢えと渇きをしのいでいた」この遺族の言葉が方向性を決めた。沖縄を代表するさとうきび畑を風で揺れる白色紙管550本で表現し、「さとうきび畑（森山良子）」の音楽を流した。5年を経て、このデザインへの異論は聞こえてこない。「コトの調和」には、意味の共有と想いの連鎖が必要になる。

北村義典

6章　つなぎ方のデザイン

行い方　融通無碍の可変性

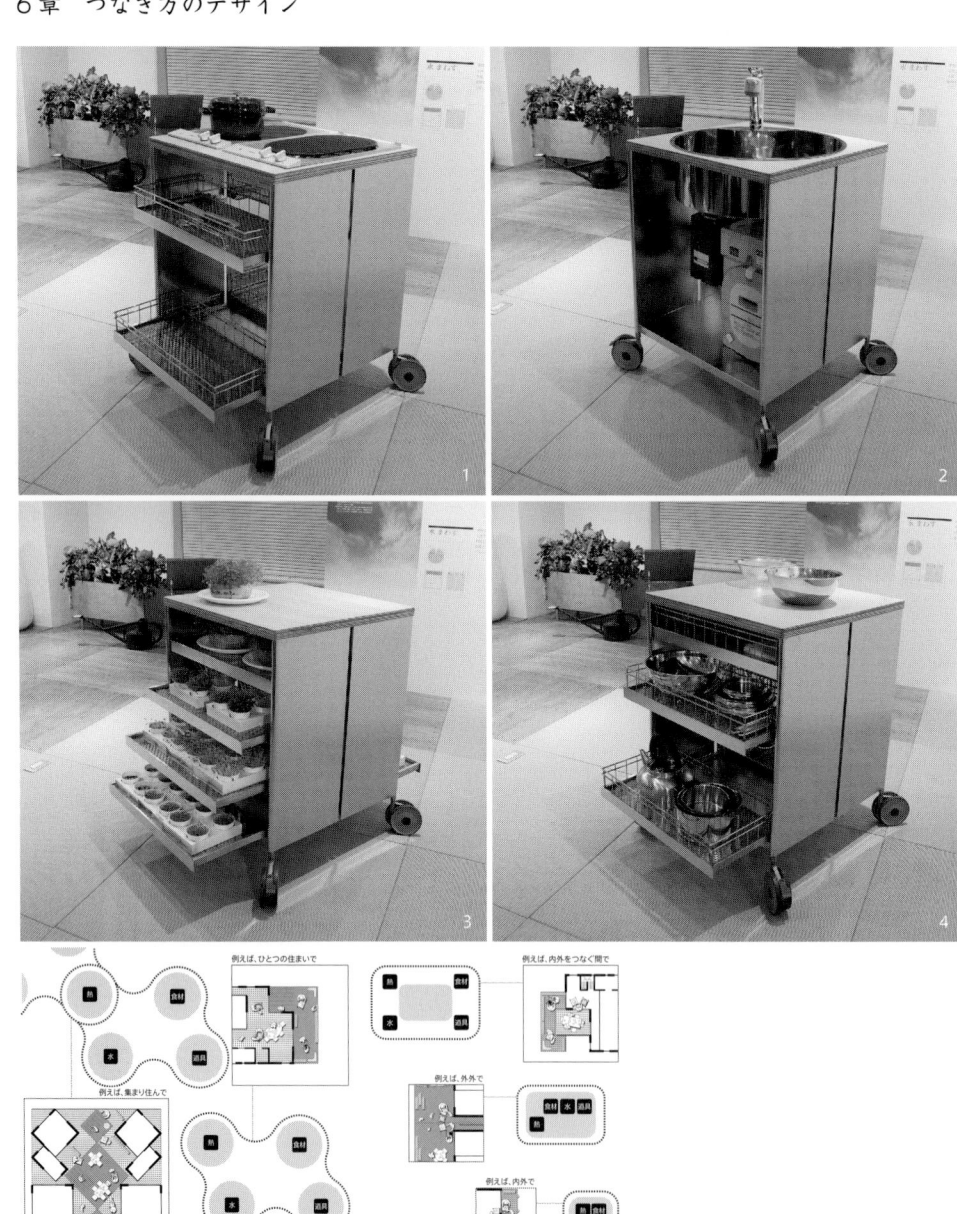

1：熱：つかう／2：水：まわす
3：食材：いかす／4：道具：こなす

6-3 行い方…融通無碍の可変性

幸福の実感

　私たちの生活は、私たち自らが不足を感じて満たそうと強く望む心(欲望)や私たちの意思をもってする行い(行為)の所産である。指標の一つに豊かさがあり、デザインはそれに深く関わる。今よりもっと豊かにと、追いつけ追い越せを合い言葉にするなど、終わる間もなく次から次へ像を描き続けている。その繰り返しをも豊かさの現れとしているのだが、いつの間にか、何が豊かさなのかがわからなくなっているように思える。その様は、時代とともに進む個人の重視にも感じる。個人は、権利や自由の尊重などとしたのはとうに過ぎ、何事にも優先されて、今は"孤人"に変わろうとしている。私たちは、豊かさや個人の重視などの先にあると信じた幸福を実感することも少なく、どこかおかしいと気付き始めているのではないだろうか。

ダイドコロキッチン―自家の試み

　「ダイドコロキッチン」は、IHクッキングヒーターなどによって自由さを増す食べる営みの場に、ダイドコロといわれていた時の豊かな根っ子とキッチンといわれ始めて得た果実を合わせ持つ、四つの可動なユニットによる空間・道具・装置の原型である。「熱」「水」「食材」「道具」に役割を分担して、使う人が望み、行い、つくり上げる自家を考え直している。一人(一家族)が、自らのために「つかい」「まわし」「いかし」「こなす」ことで、自らだけに終わらずに友人や近隣などとの関わりを持ちたくなることにつながる生活提案である。これがあれば、室内にその時々で余裕が生まれ、友達なども招待しやすくなる。それは隣家とでも同じで、互いに持ち寄り共に調理して、互いをわかり合う。さらには、間に生まれた空間は縁や軒のように使うことができ、住まいをも変えながら、わかり合う関係が拡がる。食べ事から幸福を実感する試みである。

融通無碍の可変性

　昔の人の生活は、手間はかかって煩わしいが、使う人が自ら工夫してその時々で姿を変えるなど、自然を取り込んだ豊かな根っ子を持っていた。一方、今の人の生活は、利便性や効率性などの果実を実らせているが、どちらかと言えば多くは、企業など他者から提供されて、工夫の余地が少なく限りがある。

　昔の生活に戻り難く、今の生活を手放せないのだが、そもそも私たちは自ら、必要に応じて自在で何物にもとらわれない、融通無碍な可変性に満ちた暮らしを行っていた。それは、デザインの行い方の一つでもあり、見つけ直して今に活かせば、幸福の実感も増すのではないだろうか。

杉下　哲

6章　つなぎ方のデザイン

参考資料

134-135 ページ　大倉冨美雄著『デザイン力／デザイン心』　美術出版社、2006 年

144-145 ページ　清水忠男著『ふれあい空間のデザイン』(SD 選書 233)、鹿島出版会、1998 年

146-147 ページ　2009 ショーモン国際庭園フェスティバルコンペティション「詩の色」　設計施工：沖縄県立芸術大学・チーム首里サーカス
酔魚亭　設計：北村義典、撮影：車田　保
沖縄全戦没者追悼式会場「さとうきび畑」　設計：沖縄県立芸術大学・チーム首里サーカス
撮影：高野生優

148-149 ページ　ダイドコロキッチン　デザイン：杉下　哲、製作協力：積水ハウス(株)ハートフル生活研究所、撮影：鈴木克彦

キーワード一覧 （一部、本文中に明示されない語句を含む）

アクティブ　36
アート　14、108
アフォーダンスデザイン　52
新たな「型」　88
ありよう　136
案内サイン　114
生きられた空間　14
意識喚起　12
一時的な介入　14
一体感　72、74
遺伝子　64
居場所の選択　50
遺品の生かし方　16
イベント　122
意味体系　138
色　38
インテリアエレメント　31
動く象徴　38
宇宙生態時間(ユニバソロジカル・タイム)　100
絵文字(ピクトグラム)　103
縁側　72
奥行き感　74
行い方　127
押しつけない　12
オフィストイレ　46
思い出横丁　108

関わり　7
かくあるべき　24
重ね書き(パリンプセスト)　64
家族構成の変化　96
形　36
可変性　148
神の依代　66
身体にフィット　48
カルチャーデザイン　142
枯山水　36
考え方　127
感覚　20
環境構成要素　103
環境の価値　103、120
関係づけ　141
関係のデザイン　120
観光資源　60、84
感じ方　79
鑑賞支援システム　86
感情に与える印象　31
感性　136

感性的価値　134
乾燥地と陸屋根住宅　60
記号論　138
技術の伝承　26
規制サイン　114
季節　79
記名サイン　114
境界のデザイン　144
共感　22
共感覚　20
行事　90
協働　7、50
共有　146
曲水　68、76
口コミ　122
グリーンデザイン　142
景観計画　103
景観設計　98
景観の文脈　66
景観文化考　68
景観保全　66、118
KJ法　28
継承　79
携帯情報端末　86
芸能空間　84
景色　55
景色の再生　70
結界　72
結節点　92
ゲニウス・ロキ(地霊)　60
現代と芸術　116
原風景　66
行為時間(ロータリー・タイム)　100
公共空間　40
公共デザイン　22、38
公私の間　144
幸福の実感　148
高齢者施設　50
五感　116
心の道しるべ　44
心を引き出す　12
個人の感性　134
コスモロジー　84
個性化　120
個性をつなぐ　88
コントラスト　42

災害　98
サイン　40、114

サイン計画　114
サウンドスケープ　18
サスティナブルデザイン　132
誘うしきり　144
自家　148
時間　79
四季　90
色彩景観　118
色彩作法　118
色彩修復　118
式年遷宮　94、132
しきりつつ、つなぐ　144
シークエンス　76、92
軸線　70
試行錯誤　7
ししおどし　18
視触覚　20
静けさ　74
姿勢(ポジション)　52
姿勢・思考・実行　127
次世代に継承　88
自然が織りなす　103
自然保護　66
持続　94
市中の山居　76
湿潤地と高床住宅　60
設え　46、90
シビックプライド　22
市民の記憶　24
視野の制御　68
住環境　76
周期　94
周期-同調　100
重要伝統的建造物群　26
集落　60
熟成　94
手法　146
受容器　52
春夏秋冬　90
瞬間-持続-うつろい　100
商店街活性化　28
親水空間　22
親水性　60
深層構造　138
森羅万象　90
水琴窟　76
水景　60
水都　124
数十年後の魅力　40

姿　42	到達景観　118	防災　98
座る　48	時に積み重ね　64	方法論　127
生活景　60	特殊感覚　20	ポジション(姿勢)　52
生態学的時間(体内時計)　100	トータルコーディネイト　12	洞穴住居　60
接点　140	土地の造形　60	ボランティア　122
造形視点　42	止まり木　52	
増減殖のシステム　96	取り組み方　127	μGインナー家具　52
総合的な魅力　124		マスキング　74
相互の関係　140	内外　55	街歩き文化　68
僧都　18	内外部の意識の通い合い　144	待ち合わせ場所　112
ソウルタクシー　38	流れ　46	まちづくり　28、108
素材　40	流れとベクトル　79	街並み絵巻　108
	農業地域　122	まちの床の間　16
体感　64		満足感　48
耐久性　40	配置　44	満足度　122
体性感覚　20	場所　60	みせかた　136
体内時計(生態学的時間)　100	場所性　70	見せ物　44
time　79	橋渡し　12	見通す　74
耐用年数　96	パタン・ランゲージ　112	ミニマルな道具立て　48
多種多様な植物　90	発意　7	物見遊山　90
佇まい　42	パッシブ　36	モバイルファニチャー　48
立砂　111	場の固有性　55	
種まき　94	場の力　124	屋外彫刻　111
楽しさのタネをまく　14	場の変換　142	融通無碍　148
地域芸能　84	パフォーシングアート　116	誘導サイン　114
地域固有　24	パブリックアート　86、111	雪見障子　26
地域固有の魅力　88	パブリックデザイン　120、142	ユーザーシナリオ　31
地域住民参加　16	バランス　42	ユニバーサルデザイン　142
地域住民との対話　24	パリンプセスト(重ね書き)　64	ユニバソロジカル・タイム(宇宙生態時間)　100
地域の質　124	ハレとケ　98、136	用・強・美　70
地域マネジメント　112	ピクトグラム(絵文字)　103	様式　136
地縁　16	非言語系感性　134	様式美　26
地球環境　31	必要条件満足　134	
秩序化　120	人々と共有　88	ライフ・サイクル　96
地と図のデザイン　70	ファサード　64	ライフ・スタイル　96
地平面　44	風景と景観　55	ランドマーク　70
茶庭(露地)　76	風景の印象　24	リニューアル　132
茶の湯　116	風土　55	リフレッシュ　46
中間領域　72	復元・再生デザイン　22	流水文　68
調度　90	ふるさと資源　66	レイズドプランター　50
調和　146	古びる　132	歴史的建造物　86
地霊(ゲニウス・ロキ)　60	プロダクトデザイン　46	歴史都市　26
つくりすぎない　132	プロムナード　112	連鎖　146
つなぎ方　141	文化財　84	連続　92
つなぎ方のデザイン　124	文化的景観　60	露地(茶庭)　76
つなぐ　72	分析・判断　7	ロースタイル　36
庭園　18	平常時と非常時　98	ロータリー・タイム(行為時間)　100
デザインコンセプト　31	平和　86	
デザインファンダメンタル　38	変化　92、146	輪くぐり　111
天子南面　64	変革作業　44	ワークショップ　16、108、112
透視度　74	ベンチ　50	

執筆者紹介 (50音順)

伊藤真市（いとう・まいち）····執筆担当：4章
文化環境デザイン
1961年生。筑波大学大学院芸術学研究科博士課程単位取得満期退学。杉野女子大学講師（現、杉野服飾大学）を経て、宮城大学（県立）設立に協力委員として参画。1997年の開学から同大学事業構想学部デザイン情報学科助教授。現在、同大学准教授

井上尚夫（いのうえ・たかお）····執筆担当：4章
建築デザイン、設計、監理
1945年生。東京藝術大学大学院美術研究科修了。（株）内井昭蔵建築設計事務所勤務の後、（株）井上尚夫総合計画事務所を開設、現在に至る。公共建築から住宅建築まで幅広く環境デザインとしての視点を重視しながら設計・監理の実務に携わる

大倉富美雄（おおくら・ふみお）····執筆担当：2・6章
建築・工業デザイン
1941年生。東京藝術大学美術学部工芸科図案計画専攻卒業。ニューヨークおよびミラノの設計事務所を経て独立。通産省Gマーク審査員、静岡文化芸術大学教授、（社）JIDA理事長等を経て、現在、（社）発明協会意匠審査部門長、NPO法人JDA日本デザイン協会理事長。家具、住宅、公共建築の設計・監理に従事

太田幸夫（おおた・ゆきお）····執筆担当：5章
ビジュアルコミュニケーションデザイン
1939年生。多摩美術大学卒業、同美術研究科・イタリア国立美術学院修了後、非常口サイン等サイン計画に携わる。多摩美術大学教授、日本サイン学会会長を経て、現在、太田幸夫デザインアソシエーツ代表、NPO法人サインセンター理事長。著書に国際出版『ピクトグラム（絵文字）デザイン』他

大野とも子（おおの・ともこ）····執筆担当：4章
ランドスケープデザイン
1980年生。東京藝術大学大学院美術研究科博士後期課程修了、博士（美術）。現在、（株）ランドスケープデザイン勤務。学部で環境建築デザインを専攻し、その後大学院でシークエンスに関するデザインツールの研究を行う。卒業後は現職にて外構空間の設計に携わる

尾登誠一（おのぼり・せいいち）····執筆担当：2・4章
機能・演出デザイン
1948年生。東京藝術大学美術学部工芸科デザイン専攻卒業。現在、東京藝術大学美術学部デザイン科教授、日本デザイン学会副会長、公共の色彩を考える会会長、機械工業デザイン賞審査委員、（社）発明協会意匠部門審査委員

笠尾敦司（かさお・あつし）····執筆担当：5章
コミュニケーション・アート
1959年生。Ph.D. 1999年東京工芸大学芸術学部准教授。NPO法人クリエイティブスマイル代表理事。2007年より街並み絵巻プロジェクト開始。現在、むすびめくんプロジェクト（http://musubime.mailpaint.com/）を遂行中

加藤三喜（かとう・みき）····執筆担当：1章
ビジュアルコミュニケーションデザイン
1965年生。東京藝術大学美術学部デザイン科構成デザイン卒業。（株）GK Graphics勤務後、1995年よりKato Design Office主宰。公共公園・商業施設等のランドマークおよびコミュニケーションサイン設計のほか、環境教育向けHPの企画制作、パッケージデザイン、装丁デザインを手がける

上綱久美子（かみつな・くみこ）····執筆担当：1・4章
環境造形デザイン
1965年生。多摩美術大学卒業、東京藝術大学大学院美術研究科環境造形デザイン専攻修了後、（株）GK設計勤務。退職後フリーで環境造形デザイナーとして活動。専門は道路景観デザイン計画・設計、動物園サインデザイン計画・設計、その他サインデザイン一般

北村義典（きたむら・よしのり）····執筆担当：6章
建築、環境デザイン
1952年生。1975年千葉工業大学建築学科卒業。1978年ジョージア大学大学院環境デザイン学科修士課程修了。1986年ケイ・エイ・ヴイ建築環境デザイン事務所設立。現在、沖縄県立芸術大学美術工芸学部教授

金 賢善（きむ・ひょんそん）····執筆担当：1章
環境デザイン
1957年生。東京藝術大学大学院美術研究科博士後期課程修了、学術博士。清渓川復元・再生プロジェクト1工区景観計画、ASEMおよびAPEC CI、巨如大橋デザイン、ソウル色開発など、多数の環境デザインプロジェクトに関わる。現在、金賢善デザイン事務所代表

清水泰博(きよみず・やすひろ)‥‥執筆担当：3・6 章
建築、都市環境デザイン、プロダクトデザイン
1957 年生。早稲田大学理工学部建築学科を経て東京藝術大学大学院美術研究科環境造形デザイン専攻修了。黒川雅之建築設計事務所を経て SESTA DESIGN 設立。モノから都市に至る領域の環境デザインを実務として行う。現在、東京藝術大学美術学部デザイン科教授。著書に『京都の空間意匠』他

黒川威人(くろかわ・たけと)‥‥執筆担当：1・3 章
環境デザイン、パブリックデザイン
1941 年生。東京藝術大学美術学部卒業。三菱重工業(株)技師を経て金沢美術工芸大学へ、教授を経て現在、同大学名誉教授。日本デザイン学会副会長歴任。金沢市景観審議会委員(用水みちすじ部会長)、同伝統的建造物群保存審議会委員

小泉雅子(こいずみ・まさこ)‥‥執筆担当：5 章
ビジュアルコミュニケーションデザイン
1960 年生。筑波大学大学院修士課程芸術研究科修了。京都芸術短期大学専任講師等を経て、現在、多摩美術大学准教授。著書に『公共施設のサイン計画』、『むらの色まちの色―農村環境の色彩計画』(共著)他

小地沢将之(こちざわ・まさゆき)‥‥執筆担当：5 章
都市計画
1975 年生。東北大学大学院工学研究科都市・建築学専攻博士課程後期修了、博士(工学)。宮城大学事業構想学部デザイン情報学科演習助手、東北公益文科大学公益学部講師(地域共創センター長兼務)等を経て、現在、仙台高等専門学校建築デザイン学科准教授

近藤桂司(こんどう・けいし)‥‥執筆担当：1・6 章
芸術工学
1961 年生。2011 年九州大学大学院芸術工学府博士後期課程修了、博士(芸術工学)。現在、福山市立大学都市経営学部准教授。ミサワホーム(株)等を経て、景観色を中心に都市のデザイン研究を行う一方、NPO 法人で、まちづくりの実践活動も行う

坂本英之(さかもと・ひでゆき)‥‥執筆担当：3・5 章
都市・建築デザイン
1954 年生。明治大学大学院工学研究科修士課程修了。ドイツ政府給費留学。シュトゥットガルト大学博士課程修了、工学博士。同大学客員研究員および講師。シュタットバウアトリエ勤務。現在、金沢美術工芸大学デザイン科環境デザイン専攻教授

佐々木美貴(ささき・みき)‥‥執筆担当：1 章
環境デザイン、橋梁デザイン、地域・共生の住まい方研究
1962 年生。東京藝術大学大学院美術研究科環境造形デザイン専攻修了。エムアンドエムデザイン事務所を経て独立。JR 平井駅北口広場、JH 九州日見夢大橋等デザイン、千葉県鈴木邸、篠崎ビオトープの環境デザインに関わる。もうひとつの住まい方推進協議会事務局、愛知県立芸術大学非常勤講師、日本デザイン学会第 2 支部長

清水忠男(しみず・ただお)‥‥執筆担当：2・6 章
製品・環境デザイン
1942 年生。Cranbrook Academy of Art 大学院修士課程修了、博士(工学)。剣持デザイン研究所、The Burdick Group、University of Washington 美術学部助教授、千葉大学工学部・大学院自然科学研究科教授を経て、現在、デザインスタジオ TAD 代表。千葉大学名誉教授

申　珠莉(しん・じゅり)‥‥執筆担当：2 章
環境デザイン
1961 年生。東京藝術大学大学院美術研究科博士後期課程修了、学術博士。現在、東海大学教養学部芸術学科デザイン学課程教授。仕事のステージを韓国に広げ、ソウル色制定やソウル・タクシー色彩計画等に関わる

水津　功(すいづ・いさお)‥‥執筆担当：1・3 章
ランドスケープデザイン
1962 年生。1988 年東京藝術大学大学院美術研究科修了後、建設会社設計部を経て Water Mark Design 設立。現在、愛知県立芸術大学准教授。浜名湖国際園芸博覧会百華園、碧南市景観調査、青山 OM-SQUARE に関わり、瀬戸内国際芸術祭では、愛知県立芸術大学の複数の彫刻家や画家らと共同で愛知県立芸術大学の MEGIHOUSE を制作

杉下　哲(すぎした・てつ)‥‥執筆担当：2・6 章
環境デザイン(空間＋プロダクト)
1957 年生。1981 年東京藝術大学美術学部デザイン科環境造形デザイン専攻卒業。(株)GK 設計等を経て、2002 年東京工芸大学芸術学部デザイン学科助教授。現在、同教授。人とモノと空間の関係を教育・研究

曽我部春香(そがべ・はるか)‥‥執筆担当：2 章
パブリックプロダクトデザイン
1977 年生。2002 年九州芸術工科大学卒業。コンサルタント、デザイン事務所を経て、2005 年九州大学ユーザーサイエンス機構研究員、現在、九州大学大学院芸術工学研究院准教授

平 不二夫（たいら・ふじお）‥‥執筆担当：1 章
環境色彩計画
1934 年生。1958 年東京教育大学教育学部芸術学科工芸建築学専攻卒業。VP デザイン事務所等を経て東京藝術大学美術学部助手。東京教育大学教育学部助教授、筑波大学芸術学系教授を経て、現在、同大学名誉教授、日本色彩学会会員、日本デザイン学会名誉会員

武智　稔（たけち・みのる）‥‥執筆担当：5 章
環境デザイン、商空間デザイン
1957 年生。東京藝術大学大学院美術研究科修了。(株)船場にて商空間デザイン、パナホーム(株)にてまちづくり、住宅等の設計、ショールームのデザイン等、(株)保坂製作所(スイーツ用冷蔵ショーケースのデザイン)を経て、現在、環境デザイナー

丹藤　翠（たんどう・みどり）‥‥執筆担当：3 章
インテリア・環境デザイン
1965 年生。東京藝術大学美術学部デザイン科環境デザイン専攻卒業。現在、(株)イリア勤務。幅広い分野の空間設計を手がける傍ら、大学等の講師を務め、プライベートでは居住地のまちづくり活動で景観賞受賞、各種委員も務める

土田義郎（つちだ・よしお）‥‥執筆担当：1・3 章
建築環境工学
1961 年生。1985 年早稲田大学理工学部建築学科卒業。1990 年東京大学大学院工学系研究科建築学専攻博士課程単位取得満期退学、博士(工学)。現在、金沢工業大学教授。音環境、サウンドスケープ、夜間景観等に対して環境心理学的分析手法を用いた研究と実践を行う

中井和子（なかい・かずこ）‥‥執筆担当：3 章
景観・環境デザイン
1949 年生。筑波大学大学院芸術研究科デザイン専攻修了。(株)GK インダストリアルデザイン研究所勤務を経て、フランス政府給費留学生としてパリ国立美術大学留学。北海道大学大学院工学研究科修了、博士(工学)。現在、中井景観デザイン研究室主宰

中嶋猛夫（なかじま・たけお）‥‥執筆担当：3・4 章
環境デザイン・景観設計
1947 年生。東京藝術大学卒業後、京都の植藤造園で修行。1985 年同大学院博士課程修了、学術博士。現在、女子美術大学デザイン工芸学科教授。より良き住環境創りを目指し、ランドスケープからプロダクトデザインまで幅広い実務、研究、教育、社会活動を実践

長谷高史（ながたに・たかし）‥‥執筆担当：刊行の辞・序・3・4・6 章
プロダクト・環境デザイン
1947 年生。東京藝術大学大学院美術研究科 ID 修了、芸術修士。東京藝術大学助手、講師を経て長谷高史デザイン事務所設立。現在、愛知県立芸術大学教授、日本デザイン学会理事、環境デザイン部会主査。公園、橋梁、ダム等パブリックデザインや景観計画を多く手がける

橋田規子（はしだ・のりこ）‥‥執筆担当：2 章
プロダクトデザイン
1964 年生。東京藝術大学美術学部デザイン科卒業。東陶機器(株)(現在 TOTO(株))を経て、現在、芝浦工業大学デザイン工学部教授。NORIKO HASHIDA DESIGN 主宰。グッドデザイン賞審査委員

平田圭子（ひらた・けいこ）‥‥執筆担当：3 章
インテリア計画・建築計画
1955 年生。東京藝術大学大学院美術研究科デザイン専攻修了、博士(工学)。現在、広島工業大学大学院工学研究科環境学専攻准教授。広島県・市の各種委員会委員、公共施設・橋梁等の審査委員、「HLab →」主宰

平松早苗（ひらまつ・さなえ）‥‥執筆担当：4 章
ランドスケープデザイン、パブリックデザイン
1963 年生。東京藝術大学大学院美術研究科環境造形デザイン専攻修了。卒業後、(株)東京ランドスケープ研究所勤務。退職後フリーで活動、現在、(株)ars 設景研究所取締役兼務。芝浦工業大学、愛知県立芸術大学非常勤講師

伏見清香（ふしみ・きよか）‥‥執筆担当：4 章
情報・環境デザイン
1958 年生。名古屋大学大学院博士課程後期単位取得後満期退学、博士(学術)。(株)乃村工藝社等を経て、現在、広島国際学院大学教授。日本展示学会理事。愛知まちなみ建築賞審査員をはじめ、愛知県、名古屋市、広島市の環境デザインに関する各委員

藤本英子（ふじもと・ひでこ）‥‥執筆担当：4・5 章
環境デザイン
1958 年生。京都市立芸術大学卒業。(株)東芝デザインセンターを経て大型開発 PJ 事業に携わる。建築士事務所エフ・デザイン設立後、2005 年九州産業大学大学院芸術研究科博士課程修了、博士(芸術)。現在、京都市立芸術大学美術学部デザイン科・大学院美術研究科教授

森田昌嗣(もりた・よしつぐ)‥‥執筆担当：5 章
パブリック・デザイン、デザイン企画・評価
1954 年生。東京藝術大学大学院美術研究科修了、博士(芸術工学)。(株)GK 設計・環境設計部長を経て、現在、九州大学大学院芸術工学研究院教授。グッドデザイン賞審査委員、福岡産業デザイン賞審査委員長、日本デザイン学会理事、日本感性工学会理事等

森山貴之(もりやま・たかゆき)‥‥執筆担当：1 章
デザイン史・デザイン理論
1970 年生。2004 年京都市立芸術大学大学院博士後期課程修了。芸術文化政策系シンクタンク、アートコミッションワークの職務等を経て、現在、京都市立芸術大学ギャラリー@KCUA(アクア)学芸員、オルタナティブスペース CAVE 共同代表

山岸政雄(やまぎし・まさお)‥‥執筆担当：5 章
色彩環境
1935 年生。金沢美術工芸大学卒業。第二次大戦の被災体験がその後の景観研究の動機となり、以来、色彩環境をライフワークとしている。現在、金沢学院短期大学教授、金沢美術工芸大学名誉教授、日本デザイン学会名誉会員、日本色彩学会名誉会員

山田弘和(やまだ・ひろかず)‥‥執筆担当：2 章
インダストリアルデザイン、環境デザイン
1951 年生。東京藝術大学大学院美術研究科機器デザイン専攻修了、芸術修士。パイオニア(株)意匠室、ハマノデザインオフィスを経て、現在、横浜美術大学美術学部美術学科教授、山田弘和デザイン事務所代表

横川昇二(よこかわ・しょうじ)‥‥執筆担当：6 章
環境デザイン
1949 年生。1980 年東京藝術大学大学院美術研究科デザイン専攻修了。1984 年事務所を設立し都市環境デザインやパブリックデザインを仕事にしつつ、東京藝術大学美術学部や東京大学農学部等の非常勤講師に従事。現在、東京工科大学デザイン学部教授、(株)横川環境デザイン事務所代表

吉田惠介(よしだ・けいすけ)‥‥執筆担当：2・3・5 章
ランドスケープデザイン
1950 年生。北海道大学大学院農学研究科生物資源生産学専攻博士課程修了、博士(農学)。京都大学農学部林学科造園学専攻卒業後、名古屋市役所でまちづくり、公園緑地のデザイン等に携わる。現在、札幌市立大学デザイン学部教授

渡辺有子(わたなべ・ありこ)‥‥執筆担当：1 章
環境デザイン、メンタルアートセラピー、マナー教育
1955 年生。東京藝術大学大学院美術研究科環境造形デザイン専攻修了。(株)岡村製作所開発部、都市計画建築事務所、東京藝術大学、女子美術大学等に勤務。公益性のある視覚伝達デザインや、プロダクトデザイン〜都市計画と関わる。2000 年以降は世田谷の地域に根ざしたアート教育活動。現在、創造の家アトリエ代表

渡辺仙一郎(わたなべ・せんいちろう)‥‥執筆担当：2 章
プロダクトデザイン
1974 年生。東京藝術大学美術学部デザイン科卒業、(株)白水社を経て、東京藝術大学、東京工芸大学勤務。2007 年 P.S Design studio 設立。現在、フリーのデザイナーとして、インテリアエレメント、生活雑貨等のデザインを手がける

渡辺康英(わたなべ・やすひで)‥‥執筆担当：5・6 章
まちづくり
1957 年生。東京藝術大学大学院美術研究科環境造形デザイン専攻修了。まちづくり関係の調査分析に携わる。現在、(株)日本総合研究所勤務

つなぐ 環境デザインがわかる		定価はカバーに表示

2012年3月25日　初版第1刷
2012年6月10日　　　第2刷

著　者　日本デザイン学会
　　　　環境デザイン部会

発行者　朝　倉　邦　造

発行所　株式会社　朝倉書店
　　　　東京都新宿区新小川町 6-29
　　　　郵便番号　162-8707
　　　　電　話　03(3260)0141
　　　　FAX　03(3260)0180
　　　　http://www.asakura.co.jp

〈検印省略〉

© 2012〈無断複写・転載を禁ず〉

中央印刷・渡辺製本

ISBN 978-4-254-10255-0　C 3040　　Printed in Japan

JCOPY 〈(社)出版者著作権管理機構 委託出版物〉

本書の無断複写は著作権法上での例外を除き禁じられています。複写される場合は、そのつど事前に、(社) 出版者著作権管理機構 (電話 03-3513-6969, FAX 03-3513-6979, e-mail: info@jcopy.or.jp) の許諾を得てください。

筑波大 森　竹巳編著	絵画，建築，ファッション，書籍などさまざまなデザイン分野を学ぶうえで重要な基礎造形の知識を，「構成」をキーワードに解説。〔内容〕構成学とは／基礎造形とデザイン／テキスタイル／造形教育／平面構成／立体構成／空間デザイン／他

アートとデザインの構成学
―現代造形の科学―

10246-8　C3040　　　　B5判 160頁　本体3700円

立命館大 北岡明佳著	錯視研究の第一人者が書き下ろす最適の入門書。オリジナル図版を満載し，読者を不可思議な世界へ誘う。〔内容〕幾何学的錯視／明るさの錯視／色の錯視／動く錯視／視覚的補完／消える錯視／立体視と空間視／隠し絵／顔の錯視／錯視の分類

錯　視　入　門

10226-0　C3040　　　B5変判 248頁　本体3500円

京大 森本幸裕・日文研 白幡洋三郎編	地球環境時代のランドスケープ概論。造園学，緑地計画，環境アセスメント等，多分野の知見を一冊にまとめたスタンダードとなる教科書。〔内容〕緑地の環境デザイン／庭園の系譜／癒しのランドスケープ／自然環境の保全と利用／緑化技術／他

環境デザイン学
―ランドスケープの保全と創造―

18028-2　C3040　　　　B5判 228頁　本体5200円

環境デザイン研究会編	より良い環境形成のためのデザイン。〔執筆者〕吉村元男／岩村和夫／竹原あき子／北原理雄／世古一穂／宮崎清／上山良子／杉山和雄／渡辺仁史／清水忠男／吉田紗栄子／村越愛策／面出薫／鳥越けい子／勝浦哲夫／仙田満／柘植喜治／武邑光裕

環境をデザインする

26623-8　C3070　　　　B5判 208頁　本体5000円

文教大 中川素子・前立教大 吉田新一・ 日本女子大 石井光恵・京都造形芸術大 佐藤博一編	絵本を様々な角度からとらえ，平易な通覧解説と用語解説の効果的なレイアウトで構成する，"これ1冊でわかる"わが国初の絵本学の決定版。〔内容〕絵本とは（総論）／絵本の歴史と発展（イギリス・ドイツ・フランス・アメリカ・ロシア・日本）／絵本と美術（技術・デザイン）／世界の絵本：各国にみる絵本の現況／いろいろな絵本／絵本の視覚表現／絵本のことば／絵本と諸科学／絵本でひろがる世界／資料（文献ガイド・絵本の賞・絵本美術館・絵本原画展・関連団体）／他

絵　本　の　事　典

68022-5　C3571　　　　B5判 672頁　本体15000円

東工大 萩原一郎・前京大 宮崎興二・東工大 野島武敏監訳	古典および現代幾何学におけるトピックを集めながら，幾何学を基に美しいデザインおよび構造物をつくり出す多くの方法を紹介。芸術，建築，化学，生物学，工学，コンピュータグラフィック，数学関係者のアイディア創出に役立つ"デザインサイエンス"。〔内容〕建築における比／相似／黄金比／グラフ／多角形によるタイル貼り／2次元のネットワーク・格子／多面体：プラトン立体／プラトン立体の変形／空間充填図形としての多面体／等長写像と鏡／平面のシンメトリー／補遺

デザインサイエンス百科事典
―かたちの秘密をさぐる―

10227-7　C3540　　　　A5判 504頁　本体12000円

日本デザイン学会編	20世紀デザインの「名作」は何か？―系譜から説き起こし，生活〜経営の諸側面からデザインの全貌を描く初の書。名作編では厳選325点をカラー解説。［流れ・広がり］歴史／道具・空間・伝達の名作。［生活・社会］衣食住／道／音／エコロジー／ユニバーサル／伝統工芸／地域振興他。［科学・方法］認知／感性／形態／インタラクション／分析／UI他。［法律・制度］意匠法／Gマーク／景観条例／文化財保護他。［経営］コラボレーション／マネジメント／海外事情／教育／人材育成他

デ　ザ　イ　ン　事　典

68012-6　C3570　　　　B5判 756頁　本体28000円

上記価格（税別）は2012年5月現在